# 수학·아직 이러한 것을 모른다

소수의 수수께끼에서 모리 이론까지

요시나가 요시마사 지음
임승원 옮김

BLUE BACKS
韓國語版

**數學·まだこんなことがわからない**
素數の謎から森理論まで
B-845 ⓒ 吉永良正
1990
日本國·講談社

이 한국어판은 일본국 주식회사 고단샤와의 계약에 의하여
전파과학사가 한국어판의 번역·출판을 독점하고 있습니다.




【지은이 소개】

**요시나가 요시마사  吉永良正**
1953년 나가자키 현 출생. 교토대학 이학부(수학전공) 및 동 대학 문학부 철학과를 졸업. 사이언스 작가.
예리한 문제의식으로 현대 여러 과학의 최첨단을 직시한 기사는 이미 정평이 있다.
저서로는 『아직도 모르는 것이 있다』(BLUE BACKS), 『바이러스가 '인간'을 지배한다』, 『전자파가 위험하다』(고분샤), 『수학센스』(다이아몬드사),
번역서로는 『현대 수학이 보이기 시작한다』(길렌 지음. 하쿠요샤) 등이 있다.

【옮긴이 소개】

**임승원  林承元**
1931년 경기 평택 출생.
경복고등학교 졸업, 서울대학교 공과대학 화학공학과 졸업, (주)럭키 공장장, 럭키엔지니어링(주) 이사 역임.
역서에 『신기한 화학매직』등이 있다.

# 머리말

수학에는 불가사의한 매력이 있다. 그 매력의 정수(精髓)를 한마디로 표현한다면 나는 역시 '자기의 머리로 문제를 해결하는 기쁨'이 아닌가 생각한다.

어려운 문제를 눈앞에 두고 생각에 생각을 거듭한 끝에 생각지도 않은 아이디어가 홱 떠올라 그때까지 보이지 않았던 것이 보이게 된다. 그러한 즐거운 체험을 가진 독자도 틀림없이 많을 것이다.

그래서 수학의 재미는 원래 연령이나 성별의 차이, 또는 '학력'의 차이를 불문하고 모든 사람이 서로 나눌 수 있는 것이다. 어느 시대에도 수학이 사람들의 호기심이나 지적 흥미를 끌어 마지않았던 이유도 여기에 있다.

일단 수학에 흥미가 솟으면 '그러면 현대 수학의 최첨단에서는 어떠한 미해결 문제가 있는 것일까?'라는 것이 마음에 걸린다. 그러나 실제로는 이것을 아는 것은 매우 어렵다. 그도 그럴 것이 그러한 미해결 문제의 태반이 수학의 전문용어로 적혀 있어 일반 사람에게는 의지할 곳이 없는 것으로 되어 있기 때문이다. 수학의 발전에서 보면 이것도 달리 방법이 없는 것이지만 그래도 그런대로 추궁되고 있는 사항의 이미지 정도는 '알 수 있는' 것이 아닐까?

그러한 기대에 부응하고자 하는 것이 이 책이다. 나는 전에 쓴 『아직도 모르는 것이 있다』(BLUE BACKS)에서 현대 과학 전반의 미해결 문제를 문제 삼았다. 이 책은 말하자면 그 수학편에 해당된다. 따라서 이 책에서도 전에 쓴 저서를 본떠서 현대 수학의 대표적인 미해결 문제에 대하여 이제까지 그 문제가 어떻게 연구되어 왔는가, 어디에 문제 해결을 어렵게 하는 점이 있는가, 어디까지 알고 있는가, 어떠한 연구가 진행되고 있는가 등을 입수할 수 있었던 최신 데이터를 기초로 소개하였다.

물론 이 책에서도 중학교 또는 고등학교 초년급 수준의 수학적 지식밖에는 가정하지 않는다는 전제로 이야기를 진행시키고 있다. 「페르마의 문제」와 같이 잘 알려진 난문이나 예비지식이 없이도 비교적 그 의미를 파악하기 쉬운 문제를 많이 채택한 것은 그 때문이다. 반면 해석학의 문제와 같이 어느 정도 수학의 지식이 없으면 알기 어려운 화제는 의도적으로 제외시켰다. 이 때문에 전문가 입장에서 보면 매우 치우침이 있는 문제 선택으로 되어 있다고 생각하지만 그때 균형감각보다도 소수 정예로 이미지를 심화시키는 것이 더 낫다고 판단하였다.

최전선에서의 연구 분위기를 음미케 하기 위해 「대수다양체(代數多樣体)의 분류 문제」에 대해서만은 약간 상세하게 언급하고 있다. 필즈상(John Charls Fields 賞)을 수상한 모리 시게후미(森重文), 교토대학 교수의 작업이 구체적으로는 어떠한 것이었는가 그 일단이나마 상상해 주었으면 생각했기 때문이다. 대수학의 용어에 의한 본격적인 해설이야말로 역시 단념하지 않을 수 없었으나 일반 서적으로서는 그래도 상당히 고도의 내용까지 포함시키고 있다. 다만 독자의 이해를 쉽게 하기 위해 상당히 대담한 생략이나 해석을 하였고 우화도 빈번하게 사용하였다. 그 때문에 전문가의 눈으로 보면 생각지도 않은 과오를 범하고 있는지도 모른다. 식자(識者)의 질타를 바라는 바이다.

이 책의 문제는 모두 독자가 '자기의 머리로 푸는 기쁨'을 맛보기에는 지나치게 난해한 것뿐이다. 그러나 수학자들조차 애먹고 있는 난문을 정면으로 채택했기 때문에 결과적으로는 비슷한 책이 없을 것으로 생각한다. 예비지식을 거의 가정하지 않고 현대 수학을 정말로 '아는'가? 이것은 수학을 둘러싼 현대의 또 하나의 "미해결 문제"라고 말해도 좋을는지 모른다.

그렇다면 이 "미해결 문제"에 도전하는 것은 다름아닌 이 책을 입수한 독자 여러분이다. 여러분 한 사람 한 사람이 '자기의 머리'로 이 난문에 맞서서 수학에 대한 이미지를 거듭 풍부하게 키워 간다면 다행이다.

또한 자칫하면 난해해지기 쉬운 기술(記述)을 조금이라도 쉽게 표현하기 위해 고단샤 과학도서 출판부 다나베 미즈오 씨의 신세를 졌다. 충심으로 감사의 뜻을 드린다.

1990년 10월
요시나가 요시마사

# 차례

**프롤로그 풀리지 않기 때문에 재미있다!** 7

## I 풀린 문제, 풀리지 않는 문제 29
1 완전한 수를 둘러싼 소박한 의문 30
2 그리스의 3대 작도 문제와 초월수 42
3 소수의 수수께끼에서 리만 예상으로 56
4 가지가지의 수를 둘러싼 수수께끼 71

## II 새로운 수학의 미해결 문제 90
1 토폴러지스트의 꿈—3차원 푸앵카레 예상은 풀리는가? 91
2 컴퓨터도 「$P=NP$ 문제」에는 진다! 114
3 카오스와 프랙털 126
4 페르마의 문제는 어디까지 풀렸는가? 139

## III 난문·대수다양체의 분류 문제로의 도전 165

참고도서 227

**프롤로그**

# 풀리지 않기 때문에 재미있다!

「미해결 문제가 풍부하게 있는 한 과학은 생기가 가득 차 있다. 문제의 결핍은 과학의 죽음을, 즉 독자적인 발전의 정지를 의미한다.」
— 힐베르트 —

## 1. 거기에 '문제'가 있기 때문에……

**수학자가 하는 일은 무엇인가?**

물리학자는 물리현상의 해명을, 생물학자는 생물의 세계나 생명현상의 해명을 지향하고 있다. 그러면 수학자는 무엇을 지향하고 있는 것일까? 즉 세상에 '수학자'라고 불리는 사람들이 존재하는 이상 거기에는 무언가 해야 할 일이 있을 것인데 그 수학자의 주된 일이란 도대체 무엇일까?

'수리(數理)현상의 해명으로 정해져 있는 것이 아닌가'라고 말하는 사람도 있을 것이다. 그러나 '그러면 수리현상이란 무엇인가?'라고 새삼스레 반문해 보면, 태반의 사람은 그 순간 대답이 궁해질 것이다.

물리현상이나 생명현상은 상식적으로 생각해도 대략적인 이미지는 파악할 수 있다. 우리들은 매일 생물로서 물리적 환경 속에서 생활하고 있기 때문에 그것도 당연하다고 말하면 당연하다. 그래서 예컨대 블랙 홀이라든가 DNA가 어떻다고 일컬어도 그러한 최첨단 과학의 지식을 일상생활에 끌어당겨서 감각적으로 이해할 수 있다. 가령 '이해'까지는 미치지 않을지라도 적어도 자기나름으로 개략적인 이미지를 갖는 것은 충분히 가능하다.

그런데 '수리현상'이다 보면 그렇게는 되지 않는다. 초보적인 단계라면 모르되 현대 수학이 몰두하고 있는 고도로 추상화된 수리현상에서는 그에 대응하는 신변의 감각이나 일상생활에서의 체험 등은 아마 발견될 수 있을 것 같지 않기 때문이다.

실제는 이야기가 반대로서 수학자의 시야가 넓어짐에 따라 거기에 새로운 수리현상의 세계가 열려 가는 면이 다분히 있다. 즉 수리현상은 수학자의 관념세계 그 자체의 크기를 갖는 것 이외에는 당장 나타나지 않는 것이다(이 세계를 보는 눈이 후술하는 '수각(數覺)'이고 '수학적인 피부감각'이다.).

이렇게 되면 철학문답으로 되어 버리기 때문에 이야기를 출발점으로 되돌아가자. 문제는 수학자의 주된 일은 도대체 무엇인가라는 것이었다. 결론부터 말하면 그것은 '미해결 문제를 푸는 것이다'라고 나는 생각한다. 어쩐지 가장 시시한 대답으로 귀착된 것처럼 생각될지도 모르지만 이러한 것은 수학으로서 상당히 본질적인 의미를 갖고 있다.

수학자 앞에는 항상 도전해야 할, 또한 그러한 가치가 있는 문제가 있다. 그리고 이 문제를 푸는 과정에서 수학자는 새로운 관념세계를 수중에 넣고, 나아가서는 새로운 수리현상을 발견하는 것이다. 가령 풀리지 않을지라도 풀려고 노력하는 과정에서 같은 결과를 얻는 것도 진기하지 않다. 이 책에서 보는 바와 같이 위대한 난문의 가지가지가 수학의 발전에 크게 기여해 온 것도 그 때문이다.

만일 미해결 문제가 없어진다면 그때에는 수학이라는 학문도 자연히 존재하지 않게 될 것이다. 올라야 할 산이 없어지면 등산가가 존재하지 않게 되는 것과 같은 이치다. 그러나 다행히도 거기에는 계속 산이 있어 수학의 미해결 문제도 결코 없어지는 일은 없다.

### 내부에서 외치는 소리

왜 산에 오르는가라는 질문을 받고 '거기에 산이 있기 때문이다'라고 대답한 등산가의 명문구는 아니지만 수학자라도 만일 왜 수학을 하는가라고 질문을 받으면 '거기에는 문제가 있기 때문이다'라고 대답할 것임에 틀림없다. 그리고 등산가로서는 등반이 어려운 산일수록 도전하는 보람이 있는 것과 마찬가지로 수학자로서도 풀

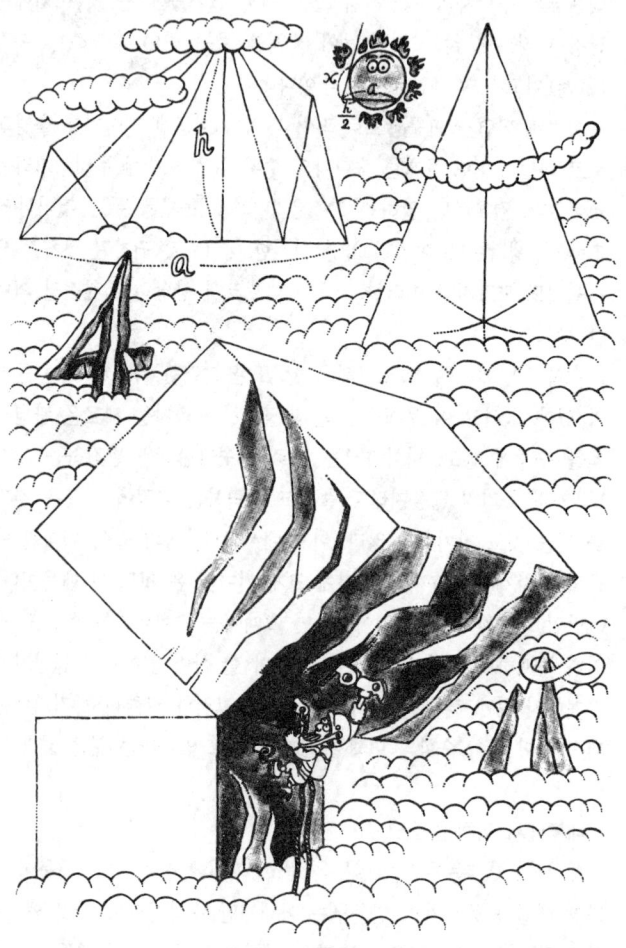

"왜 도전을 하지?"   "……거기에 산(난문)이 있기 때문이야"

리지 않는 문제일수록 투지(鬪志)를 불러일으키는 것이다.

위대한 수학자 다비드 힐베르트(1862 ~ 1943)는 1900년에 이렇게 선언하고 있다.

> 우리들은 결코 멈춤이 없는 외치는 소리를 우리들 안에서 듣는다. 여기에 문제가 있다. 그 해답을 구하라. 해결은 순수이성에 의해서 얻을 수 있다. 왜냐하면 수학에는 계속 무지(無知)의 상태로 있는 것은 존재하지 않기 때문이다.

참으로 격조 높은 선언으로 무의식중에 옷깃을 여미고 싶어진다. 그러나 사실인즉 현대수학은 이 선언의 후반 부분이 반드시 무조건으로 성립하지는 않는다는 사실을 알고 있다. 왜냐하면 1931년에 발표된 괴델의 불완전성 정리에 따른다면 수학자가 '계속 무지의 상태로 있는 것'을 강요당하는 사태도 피할 수는 없기 때문이다.

그러나 나의 생각이지만 '계속 무지의 상태로 있는 것'의 존재를 증명해 버린 오늘날의 수학은 얼마나 '계속 무지의 상태로 있는 것'과 거리가 먼 존재인가! 그런데도 힐베르트의 선언의 전반 부분은 여전히 계속 살아 있다. 현대의 수학자도 '여기에 문제가 있다. 그 해답을 구하라'고 하는 내부의 외치는 소리에 고무되면서 밤낮 계속해서 투쟁하고 있는 것이다.

### 풀리지 않는 문제에도 의의가 있다

괴델의 불완전성 정리가 전형적으로 보여 주고 있는 것처럼 수학의 문제는 부정적으로 해결되는, 즉 이 문제는 풀리지 않는, 또는 옳지 않다고 증명되는 사례가 흔히 있다. 학교 수학에서는 시험문제가 '부정적으로 해결'되는 것이라면 큰 문제가 될지도 모른다. '○○ 대학이 잘못된 문제를 출제!' 등이라는 표제가 신문의 사회면을 떠들석하게 할 것이다.

 그러나 원래의 수학의 문제는 대저 당초는 해답이 없는 것이다. 극단적으로 말하면 긍정적으로 해결(이 문제는 풀리는 또는 옳다고 증명되는 것)되는지 부정적으로 해결되는지는 반반이라고 말해도 좋을 정도이다. 게다가 일률적으로 말할 수는 없으나 부정적 해결 쪽이 긍정적 해결보다도 그 뒤의 수학의 발전에 결실이 풍부한 부산물을 제공하는 사례가 적지 않다.

 예컨대 컴퓨터에 의해서 긍정적으로 해결된 4색(色)문제(평면상의 지도는 어떠한 것이라도 4색으로 나눠 칠할 수 있다)는 수학자에게 아무런 새로운 도구도 또 새로운 견해도 남기지 않은 채로 그것뿐으로 끝나 버렸다. 뒤로 이어지지 않는다는 의미에서 불모(不毛)의 문제였다. 또는 백보 양보해도 불모의 해결이었다라고 해도 좋을 것이다.

 그러한 점, 그리스의 3대 작도 문제나 평행선 공준의 문제, 게다가 갈루아나 아벨이 푼 5차방정식의 대수적 해법의 문제 등, 수학사에 빛나는 위대한 문제군의 대부분이 부정적으로 해결 즉 이 문제는 풀리지 않는다고 증명됨으로써 수학을 가일층 크게 해 왔다.

 상세한 것은 I부에서 그러한 개개의 문제를 거론하겠지만 결국 참으로 우수한 문제란 수학자가 그 해결에 몰두하는 과정에서 전혀 새로운 수학적 **방법**과 새로운 수학적 **대상**을 필연적으로 낳게 되는 문제이다라고 할 수 있는 것이다. 즉 수학자는 하나의 문제를 철저하게 추궁함으로써 수학적 시야의 확대에 도달하게 되는 것이다. 수학자의 일이 '문제를 푸는 것'이다라고 말한 것도 그 참된 의미는 그러한 것이다.

 현대 수학의 거인 앙드레 베이유가 『수학의 미래』 속에서 언급한 다음의 말만큼 수학 발전의 다이내믹스와 수학에 있어서의 미해결 문제가 갖는 의의를 훌륭하게 표현한 것은 없다고 나는 생각하고 있다.

미래의 대수학자는 과거에도 그러했듯이 밟아 다져진 길을 피할 것이다. 그들은 우리들이 그들에게 남기는 큰 문제를 우리들의 상상이 미치지 못하는 의외의 접근방법으로 전적으로 모습을 바꿔서 풀 것이다.

그래서 좋은 문제는 좋은 수학을 생육(生育)하는 원천인 것이다. 역으로 말하면 현재 미해결된 큰 문제에 있어서 도대체 무엇이 계속 추궁되고 있는지를 알 수 있다면 그것이야말로 정곡을 찌른 모양새의 현대 수학 입문으로 될 것이다. 이 책은 그러한 의도로 쓰고 있다. 조금 염치없는 이야기인지는 모르나 예비지식을 전혀 가정하지 않고 단도직입적으로 현대 수학의 진수(眞髓)에 다가서 보려고 하는 것이다.

물론 이러한 것은 '말하기는 쉬워도 행하기는 어렵다'의 전형(典型)과 같은 것이다. 예컨대 Ⅲ부에서 소개하는 대수기하라고 해도 제법 찾아 보았으나 초보적인 입문서는 일서(日書), 양서(洋書)를 불문하고 한 권도 없었다. 대수기하를 조금이라도 배운 경험이 있는 사람이라면 그것도 오히려 당연하다고 납득할지도 모른다. 확실히 대수기하를 올바르게 이해하기 위해서는 평가가 분명해진 교과서를 시간을 들여서 숙독하는 수밖에는 달리 방법이 없다. '기하학에 왕도(王道) 없음'인 것이다.

그러나 산에 비유하면 후지산(富士山)은 정상까지 올라갈 수 없어도 멀리서 바라보는 것만으로도 충분히 아름다운 것이고 반쯤까지 버스를 타고 가서 근방을 산책할 수 있다면 그것은 그것으로 후지산 등산의 분위기를 맛볼 수 있다. 이 책도 이 손쉬운 관광코스를 본뜨려고 생각한다. 즉 대수기하로 말하면 정상에 선 모리 시게 후미 교수의 작업을 미호(三保)의 솔밭(松原)에서 우러러보고(너무 멀어서 선명하게는 보이지 않을 것이나) 중간쯤의 부근을 하이킹하여 대수기하의 기분만이라도 맛보아 주었으면 생각하고 있다. 그 밖의 미해결 문제에 대해서도 마찬가지이다.

## 2. 수학에 필요한 '수각(數覺)'이란 무엇인가?

**논리보다 직관**

수학을 '1 더하기 1은 2'로 대표되는 획일적인 학문으로 믿고 있는 사람에게는 의외라고 생각될지도 모르나 수학의 참된 이해를 위해서 무엇보다도 필요한 것은 일종의 '감각'이다. 센스라 해도 될 것이고 번뜩임이라든가 아이디어라고 불러도 좋을지 모른다. 아무튼 아래에서 위로 쌓아 올려 가는 논리적 사고와는 같지 않은 사물의 진상을 단숨에 앞질러 보아 알아버리는 직관과 같은 것이 없는 한 수학을 정말 이해할 수는 없다.

논리와 직관과는 보통 대립되는 것으로 생각되고 있다. 수학이 서투른 사람 중에는 흔히 '논리적 사고가 약하기 때문에'라고 말하는 사람이 있으나 나는 그러한 사람은 오히려 직관적 사고 쪽에 약간 문제가 있는 것같이 생각한다. 반대로 매우 우수한 수학자 중에도 일상적인 계산이 서투른 사람이 적잖이 있다는 이야기를 자주 듣는다.

대수학자 힐베르트의 원논문의 대부분에 무수한 오류가 있었던 일은 유명하다. 또한 그 고제(高弟) 리차드 쿨란트(1888 ~ 1972)가 지은 물리수학의 고전적 명저 『수리물리학의 방법』이라 할지라

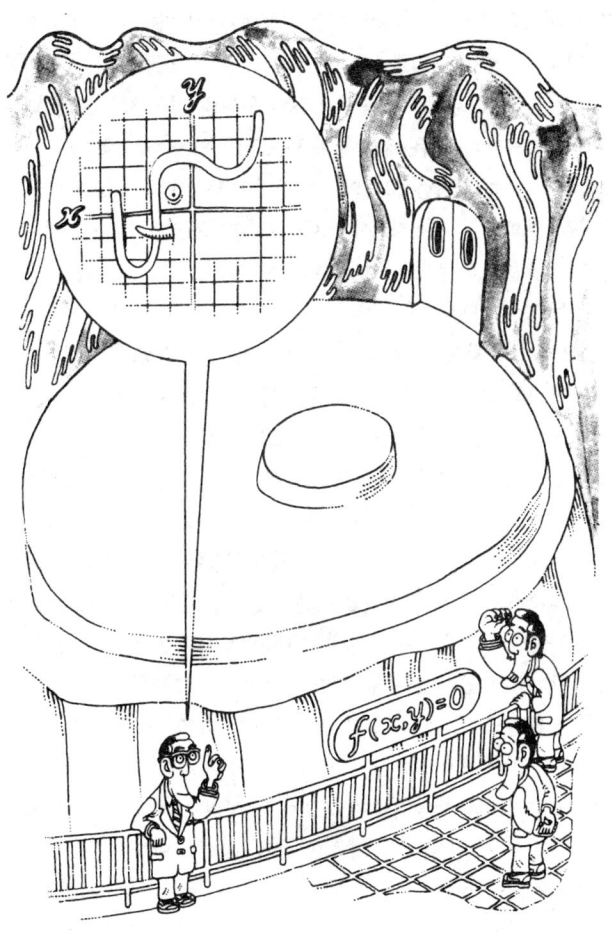

수학에는 5감 플러스 '수각'이 있다······.

도 초판의 교정인쇄가 잘못투성이었을 뿐만 아니고 간행본에서조차 인쇄 잘못이 아닌 내용적인 '오식(誤植)'이 산더미 같았다고 한다.

그러나 그들은 이러한 세부적인 오류에도 불구하고 그 강력한 수학적 직관에 의해서 최종적으로는 올바른 결과를 유도해 내고 있었다. 그들보다 젊은 세대에 속하는 어느 고명한 수학자가 뒤에 술회하고 있는 것처럼 그들의 작품은 '오식도 독자의 즐거움을 증가시킬 뿐'이었던 것이다. 이 이야기는 수학자로서 직관이 얼마나 중요한 것인가를 웅변적으로 이야기한 에피소드의 하나라고 말할 수 있는 것이 아닐는지.

일본에서의 최초의 필즈 메달리스트(필즈상 수상자)가 된 고다이라 구니히코(小平邦彦), 도쿄대학 명예교수는 이러한 수학적 직관에 대한 것을 '수각'이라 부르고 있다. 즉 인간에게는 시각이나 청각 등의 소위 5감과 나란히 수학적 현상을 지각하는 말하자면 제6의 감각이 있고 그것이 '수각'이라고 하는 것이다.

고다이라 박사는 이렇게 말하고 있다. "수학을 이해한다고 하는 것은 실재하는 수학적 현상을 '보는' 것이다. '본다'라고 하는 것은 수각에 의해서 지각하는 것이다." 더욱이 이렇게도 말하고 있다. 수각이 연마되어 있지 않는 한 수학의 세계는 정말로는 "일반 사람에게는 보이지 않고 '보통의' 말로는 표현할 수 없다"라고. 지나치게 냉엄한 것같이 생각될지 모르나 이것이 거짓 없는 현실인 것이다.

수학의 세계를 들여다보면 거기에는 마치 미지의 나라의 말과 같이 뜻을 모르는 말이나 기호가 넘쳐 흐르고 있다. 그리고 지금 수학자들이 도전하고 있는 문제의 대부분은 이 미지의 나라의 말에 의해서밖에는 표현할 수가 없는 것이다. 일반 사람이 수학의 세계를 여행해 보려고 하는데 우선 최초로 실패해 버리는 것이 이 언어의 문제이다. 더구나 이 언어의 습득은 간단한 일상 영어 회화를 외우는 것처럼 쉽지는 않다.

 외국어의 경우 언어가 달라도 말이 지시하는 대상이나 관념에 큰 차이는 없다. 그런데 수학의 언어가 되다보면 그 관념 바로 그것이 큰 문제인 것이다. 즉 수학의 언어는 수각이 지각한 수학적인 관념을 표현하기 위한 일시적인 '의상(衣裳)'에 지나지 않는다는 것이다.

 아비돌브라고 하는 동물이 어딘가에 있었다고 하자. 만일 당신이 그 동물을 본 일이 없으면 '아비돌브'라고 하는 말만으로는 그 동물이 어떠한 모습을 하고 있는지 상상조차 못할 것이다. 수학의 말일지라도 사정은 전혀 다르지 않다.

 그래서 극단적인 이야기로서 현대 수학에 있어서는 전문 분야가 다르면 거기서 이야기되고 있는 것이 다른 분야의 수학자에 있어서조차 종잡을 수 없는 사태가 생기고 있다. 수각의 뒷받침이 있는 직관이 따르지 않는 수학 용어는 전혀 의미가 없는 기호의 장난에 지나지 않는 것이다.

 모리 시게후미 교수가 필즈상을 수상할 때 "나의 연구를 정말로 이해해 줄 사람은 세계에서 100명 정도일까……"라고 말한 것도 나 자신은 오히려 성실하고 겸허한 발언으로 이해하였다. 아마 정말 그럴 것이라고 생각한다.

### 일종의 피부감각

 그런데 고다이라 박사의 고제이자 '대수다양체의 분류 이론'에 있어서의 모리 교수의 선배라고도 말할 수 있는 이이다카 시게루(飯高茂) 학습원대학 교수는 수각을 '일종의 피부감각'으로서 파악하여 수학은 문자대로 '몸으로 체득하는 것'이라고 말하고 있다. 대단히 흥미있는 설이라고 생각하기 때문에 조금 상세하게 소개해 둔다. 이이다카 교수가 말하는 수학적인 피부감각이란 대강 다음과 같은 것이다.

 수학을 알려면 단계를 따라 거듭 쌓는 공부와 더불어 일종의 피부감각에 의한 이해가 없으면 안된다. 모든 것을 논리만으로 알려고 생각하면 대단한 시간과 노력이 필요하게 되어 도저히 견딜 수 없게 된다. 그래서 컴퓨터와 상이한 인간의 힘이 사용된다. 그것이 피부에 의한 수학 이해여서 머리로가 아니고 몸으로써 알았으면 하는 것이 된다. 요컨대 "필링(feeling) 이해"다.

그렇다면 통상 일컬어지고 있는 수학의 엄격한 논리성과 그 자유로운 피부감각과는 어떠한 관계에 있는 것일까. 재차 이이다카 교수의 발언에 귀를 기울여보자.

 사실인즉 논리로 아는 것보다 피부로 아는 편이 훨씬 중요한 것이다. 어려운 증명을 자구(字句)대로 논리적으로 읽는 것은 피부이해에 도움이 되도록 하기 위한 것이다라고 말해도 된다. 상호간에 피부이해만으로는 오해가 생기기 때문에 오류가 없는 논리이해를 사용해서 의사소통을 하는 것에 지나지 않는다. 수학이라고 하는 시대를 초월하고 나라를 초월한 우주적 보편성을 주장하는 학문이 이러한 피부감각에 본질을 의존하고 있는 것은 커다란 얄궂음이 아닐까.

이 책이 독자에게 전달하고 싶은 것도 다름아닌 현대수학의 필링 이해 바로 그것이다. 그렇다고는 하나 정의조차 말끔히 행하지 않고 이야기를 진행시킬 수밖에는 없기 때문에 기껏해야 그윽한 "향기"를 맡는 것이 고작일 것이다. 이이다카 교수가 위의 발언과 같은 문맥 속에서 지적하고 있는 것처럼 '마음 편히 읽을 수 있는 수학책'이지 '수학을 알고 피부감각이 붙을 정도로 수학은 손쉬운 것은 아니기' 때문이다.

그러나 하여튼 필링 이해에도 그 나름으로의 본질적인 존재 이유가 있다는 것을 안 것만으로도 이 기회에 다행이라고 생각한다.

### 3 천재에게도 "운"이 따르지 않으면……

**진정한 수학자란?**

『인간정신의 명예를 위하여』라고 하는 훌륭한 수학 계몽서를 쓴 프랑스의 수학자 장 듀돈네(Jean Dieudonné)──이 사람은 그 유명한 수학자집단, 부르바키(Bourbaki)의 일원(一員)이었다──는 진정한 수학자를 '자명(自明)하지 않은 정리의 증명을 공표한 사람'이라고 정의하고 있다.

'자명하지 않다'란 수학자의 독특한 표현인데 '시시하지 않다', '창조적이다', '참으로 가치가 있다'라고 하는 정도의 의미로 이해하고 있어도 될 것이다. 우리들의 말로 표현하면 '수각으로 인도된', '피부감각이 약동하고 있는'이라고 바꿔 말해도 좋을지 모른다.

듀돈네가 굳이 이러한 정의를 한 것은 세계에는 방대한 수의 수학자──학위를 갖고 수학의 연구나 교육을 생업으로 하고 있는 사람들──가 존재하고 있으나 그이에 따르면 그 태반이 이 정의에 들어맞지 않는다는 것을 말하고 싶었기 때문인 것 같다.

직업적 수학자의 대부분에 대해서 그들의 '학위논문의 대부분은 트리비얼(trivial)이라고 말할 수 있는 것으로서 잘 알려진 몇 개인가의 원칙에서 용이한 결론을 끄집어 내는 것에 머무르고 있다'라고 듀돈네는 단언하고 있다. '트리비얼'도 수학자가 좋아하는 관용

구(慣用句)로서 '시시하다', '당연하다', 결국은 '자명'이라는 의미이다. 아무런 아이디어도 없는 논리적인 것만의 논문은 수학자 사이에서는 대체적으로 트리비얼로 간주된다.

게다가 듀돈네는 진정한 수학자에 대해서도 말하자면 "고급" "최고급"의 두 가지 순위를 부여하고 있다. 고급인 수학자는 '대략 30년 간에 걸쳐서 연구를 계속하고 수십 편의 독자적인 연구논문을 발표한' 창조적인 수학자를 말하는 것으로 '선진국에서는 해마다 대체로 이러한 수학자가 1000만 명에 평균 1명의 비율로 탄생하는' 것이라고 한다.

그에 비해서 최고급의 수학자란 '그 시대의 모든 과학에 게다가 그 세기를 초월해서 남을 만큼의 영향을 미치는 대변혁을 가져오는 사상의 소유자'를 말한다. 요컨대 천재이다. 그리고 듀돈네의 시산(試算)에 따르면 '18세기에는 이러한 천재가 1/2다스 정도 있다. 19세기에는 약 30명. 현재는 전세계에서 매년 1~2명이 나타난다고 말할 수 있다'는 것이다.

이 마지막 부류에 속하는 극히 드문 진짜의 수학자들이 수학의 노벨상인 필즈상을 수상하게 된다. 필즈상은 4년에 한번 2~4명에게 수여되기 때문에 숫자로서도 거의 일치되는 것이다. 단순히 계산하면 몇 사람의 비수상자가 나와 버리게 되는데 상을 받을 수 있는가 없는가는 천분(天分)도 그러할 만하지만 후술하는 것처럼 "운(運)"도 크게 영향을 미치고 있다고 생각하면 이치가 맞는다.

이 책에서 채택한 수학의 미해결 문제는 만일 그것이 풀리면 확실히 필즈상을 받을 만한 가치가 있는 업적으로 되는 것뿐이다. 그러한 의미에서 필즈상과 이 책의 테마와는 반드시 연분(緣分)이 없는 것은 아니기 때문에 여기서 이 상(賞)에 대해서 간단히 소개해 둔다.

### 수학의 노벨상

세계의 수학자로서는 최고의 영예인 필즈상은 4년에 한 번 세계의 수학자가 한자리에 모여 최신의 연구성과를 서로 발표하는 국제수학자회의(ICM)의 개회식에서 수여되는 관습으로 되어 있다.

ICM의 역사는 오래되었고 제1회 회의는 1897년에 스위스의 츄리히에서 개최되었다. 그러나 유명한 것은 1900년에 파리에서 개최된 제2회 회의다. 이때 힐베르트가 행한 위대한 강연 「수학의 여러 문제」는 금세기의 수학의 발전에 하나의 명쾌한 지침을 주는 것으로 되었다. 앞에서 인용한 힐베르트의 선언도 이 강연 속에서 따온 말이다.

그런데 ICM은 그 뒤 두 번의 세계 대전에 따른 중단을 사이에 두면서도 거의 4년마다 열려 오늘에 이르고 있다. 그리고 1936년 노르웨이의 오슬로 회의부터 필즈상의 수상이 시작되었다.

이 상에 그 이름을 남긴 필즈는──정확히는 존 찰스 필즈 쥬니어(John Charles Fields Jr, 1863~1932)──캐나다의 수학자로 1924년의 토론토 회의에서 회장직을 맡은 경력의 소유자이다. 필즈상은 이 필즈 교수의 유언에 따라 그의 유산과 토론토 회의의 잉여금을 바탕으로 창설되었다.

필즈상이 수학의 노벨상이라고 일컬어지는 것은 물론 노벨상에 수학 부문이 없기 때문이다. 노벨이 왜 수학부문을 지정하지 않았는가에 대해서는 여러 가지 풍문이 있다. 노벨이 당시의 스웨덴 수학계의 대가인 미타크 뢰플러와 사이가 나빴기 때문이라는 설, 발명가 노벨에게는 순수수학의 가치를 몰랐을 것이라는 설 등등이 있다. 과학사적으로는 흥미있는 문제이나 이 책의 테마에서 벗어나기 때문에 깊이 들어가지 않는다.

아무튼 ICM은 4년에 한 번. 따라서 필즈상을 타는 데도 4년에 한 번의 기회밖에 없다. 그런 의미에서는 필즈상에는 노벨상 이상의 희소가치가 있다고 말해도 좋을지 모른다.

이제까지의 나라별 수상자수——출신국으로 하느냐 국적으로 하느냐는 문제가 있으나 여기서는 개략적으로 생각한다——의 내역은 미국 11명, 프랑스 5명, 영국 4명, 북유럽, 소련, 일본 각 3명, 독일, 벨기에, 중국, 이탈리아, 뉴질랜드 각 1명씩 계 34명. 영광에 빛난 3명의 일본인 필즈 메달리스트는 1954년의 고다이라 구니히코 박사(제12회 암스테르담 회의, 당시 39세), 1970년의 히로나카 헤이스케(廣中平祐), 하버드대학 교수(제16회 니스 회의, 당시 39세) 그리고 1990년의 제21회 교토 회의에서 수상한 모리 시게후미, 교토대학 수리해석연구소 교수, 39세다.

일부러 수상시의 나이를 기재한 것에는 까닭이 있다. 알고 있는 독자도 많을 것으로 생각하나 필즈상에는 "수상자는 40세 미만의 '젊은' 수학자로 한정한다"라는 연령제한이 불문율(不文律)로서 붙어 있는 것이다. 앞에서 필즈상에는 노벨상 이상의 희소가치가 있다고 말했는데 이것에는 4년에 한 번이라는 핸디캡 이외에도 이 암묵(暗黙)의 연령제한의 존재가 실은 또하나의 커다란 이유로 되어 있는 것이다.

수학자가 "젊음"을 다른 과학분야 이상으로 중요시하는 것은 어째서일까. 어쩌면 수학적인 천분(天分)이 싹트는 것은 15세 전후라고 하는 것이 이 세계의 정설로 되어 있기 때문인지도 모른다. 옛부터 갈루아나 아벨과 같은 요절(夭折)한 천재가 있었고 최근에는 대학입학시 이미 현대수학의 기본지식을 모두 습득하였다고 하는 신동(神童) 도우리뉴(1978년에 필즈상 수상, 당시 34세)나 27세에 같은 상을 수상한 세일(고다이라 박사와 동시 수상)의 예가 있다.

1989년도의 교토상을 수상한 소련의 수학자 게르판트는 19세

프롤로그 23

필즈상은 4년에 한 번, 게다가 40세 미만의 제한이 있다. 사진은 J. C. 필즈와 필즈상 메달의 앞면과 뒷면(지름 62mm, 두께 3mm). 가장자리 부분에 수상자의 이름과 수상 연도가 조각되어 있다. 표면의 초상은 아르키메데스 (고다이라 구니히코 씨 소장.「수학세미나」제공)

때 저명한 수학자 고로모골프에게 발견될 때가지 정규 고등교육을 받은 일이 없었다는 까닭으로 '고학(苦學)의 사람'이라고도 부르고 있다. 그 게르판트로서도 이렇게 이야기하고 있을 정도이다. "수학자로서의 재능의 대부분은 13세에서 17세까지의 시기에 나타난다. 이 시기에 형성된 수학의 미적(美的) 이미지는 오늘날에 이르기까지 나의 수학의 기초로 되어 있는 것이다"라고.

그러나 천분이 싹텄다고 해서 바로 중요한 일을 달성할 수는 없는 것도 사실이다. 실제 듀돈네 등은 '통설과는 반대로, 창조적인 시기가 23세에서 25세 이전이라는 것은 드물고' 갈루아나 도우리뉴나 세일의 경우는 '극히 드문 것이다'라고 명언(明言)하고 있다.

고다이라 박사는 천분도 천분이지만 더 중요한 것은 "운"이라고 말하고 있다. 즉 "수학의 재능이 있는지 어떤지는 실제로 수학의 길을 걸어 보지 않으면 모른다. 수학자로서 성공하는 데에 가장 필요한 것은 '운'이라고 생각한다. 새로운 분야가 개척되었을 때에 그 연구의 중심이 되는 장소에 있어 자극을 받으면서 연구하는 것은 대단히 이득을 보기 때문에"라는 것이다.

예컨대 이번의 필즈 메달리스트, 모리 시게후미 교수라 할지라도 그 천재적 두뇌나 수각의 예리성에 대해서는 이미 여러 말이 필요 없다고 생각한다. 그래서 개인적인 회상(回想)을 근거로 하여 모리 교수의 "운"의 면에 대해서 조금 이야기해 보고자 한다.

### 제1급의 자극

그런데 앞에서 말한 것처럼 히로나카 교수가 필즈상을 수상한 것이 1970년. 당시 고교 3학년이었던 나는 항간의 수학소년이 언제나 그렇듯이 까닭도 모르고 흥분하여 다음해 히로나카 교수가 모교인 교토대학에서 특별 강연을 한다는 소문을 듣고 교토대학

이학부에 입학했다.

히로나카 교수가 학부 학생에게 행한 대수기하의 일반 강의는 1971년 9월 21일 화요일부터 시작되었다. 그날 고개를 약간 숙이고 나타난 교수가 제일 먼저 칠판을 향해서 '**방법, 대상**'이라는 두 문자를 단숨에 휘갈겨 쓴 광경을 지금까지도 분명히 기억하고 있다. 그렇다고는 하지만 우리들은 아직 1년생으로 교양부에서 온 "청강생"에 지나지 않고 소위 돌팔이로서 말석에 앉아 있었던 것이다. 그러나 당시 학부 3년생이었던 2년 선배인 모리 씨는 그 강의의 핵심적 학생으로서 히로나카 교수의 훈도(薰陶)를 직접 받는 은총을 입고 있었던 것으로 생각한다.

사실은 그것보다 조금 앞에 미국에서는 하츠혼이라는 수학자가 「하츠혼의 예상」이라고 부르는 문제를 제출하고 있었다. 이 사람은 뒤에 저명한 대수기하의 교과서를 저술한 사람으로 그 책 속에는 소위 '극소모델'에 대한 것이 상세하게 적혀 있다. 확실히 1973, 4년경의 일이었다고 생각하는데 그 하츠혼이——세미너의 선생은 '하토숀'이라고 발음하고 있었던 것으로 기억하고 있다——상당히 오랫동안 교토대학에 있던 시기가 있었다. 정확히 모리 씨의 대학원 시대였기 때문에 모리 씨는 하츠혼으로부터도 직접 자극을 받고 있었을 것이다.

한편 대수 다양체의 분류 이론에 대해서 보면 고다이라 박사 이래의 강력한 연구체제가 도쿄대학을 중심으로 형성되어 있었다. 이이다카 시게루 씨를 총대장(總大將)으로 하는 소위 "고다이라 스쿨"의 투장(鬪將)들이 1970년에 제출된 「이이다카 프로그램」에 따라서 용맹 과감하게 고차원 대수 다양체의 신비를 공략하고 있었던 것이 그무렵이다. 고다이라 스쿨의 성과도 직접간접으로 모리 씨에게 좋은 자극을 주었을 것이다.

그 뒤 모리 씨는 1977년에 히로나카 교수가 있는 하버드대학에 조교수로서 초청되었다. 모리 씨가 「하츠혼의 예상」을 푼 것은 이 하버드대학 시절인 1978년의 일이다. 그리고 듣는 바에 따르면 이 때의 증명의 과정에서 조우한 오류가 계기가 되어서 예상 외의 정리를 발견하고 거기에 소위 「모리 이론」의 단서가 열렸다고 한다. 그것이 이번의 필즈상 수상 대상으로 된 「3차원 대수다양체의 극소모델의 존재 증명」(1987년)으로 발전해 간 것이다.

이것은 어디까지나 결과론에 지나지 않고 모리 교수 본인에게 물어 본 것도 아니며 사실은 다음 세기의 수학사가가 밝힐 것이겠지만 이렇게 해서 보면 결국 고다이라 박사가 말하는 '운' 좋게 주어진 상황의 모두가 모리 교수의 천재를 길러내고 이번의 수상으로 결정(結晶)시키는 힘이 되었다고 말할 수 있는 것이 아닐까.

고다이라 박사가 지적하고 있었던 것처럼 항상 최첨단의 연구의 중심이 되는 장소에 몸을 두고 끊임 없이 제1급의 자극을 받는 것이 좋은 연구성과를 낳는 필수조건이라고 말할 수 있을 것이다. 모리 교수에게 바로 이러한 행운의 조건이 운좋게 주어졌다. 사실은 히로나카 교수나 고다이라 박사도 상황이야 다르나 마찬가지로 행운의 조건이 운좋게 주어짐으로써 큰 일을 성취할 수 있었던 것이다. 두 박사의 회상록이나 가까이 있던 사람들의 추억담 등을 읽을 때도 절실히 그렇게 느껴진다.

모리 교수의 수상에 즈음하여 ICM의 총회에서 소개를 행한 히로나카 교수는 "모리 교수는 도쿄대학의 대수기하의 전통을 이어 받고 교토대학의 자유로운 분위기 속에서 독창성을 신장시켰다."라는 담화를 내고 있다. 또한 모리 교수 자신도 "수상은 개인보다도 고다이라 선생 이래 일본에서 강한 분야(대수기하)가 인정되었다는 것이 매우 기쁘다"라고 언급하고 있다. 이러한 발언도 이제까지 언급해 온 '운'이라고 하는 관점에서 읽으면 참으로 순수하게 이해할 수 있을 것이다.

　이렇게 해서 보면 모리 교수는 일본의 수학계가 길러낸 지보(至宝)라고 말할 수 있을 것이다. 그리고 다음에는 모리 교수의 수상에 자극을 받은 수학소년이나 수학소녀 중에서——그리고 바라건대 이 책의 젊은 독자 중에서——제4, 제5의 필즈 메달리스트가 탄생할지도 모른다. 소년(소녀)들이 행운의 별 아래를 거닐 것을 마음으로부터 기원한다.

# Ⅰ

# 풀린 문제, 풀리지 않는 문제

「과학에 있어서는 증명할 수 있는 것이 증명 없이 믿어져서는 안된다.」

―데데킨트―

# 1. 완전한 수를 둘러싼 소박한 의문

**피타고라스 말하기를 '만물은 수다!'**

피타고라스는 기원전 6세기경에 활약한 그리스인이다.「피타고라스의 정리」를 모르는 사람이 없는 것처럼 그는 수학의 원조라 말해도 좋을 정도로 역사에 등장한 최초의 위대한 수학자였다.

원조라든가 교조(敎祖)라고 불리는 사람에게는 지금이나 옛날이나 어딘가 신에게 의지하고 있는 곳이 있는 것 같다. 피타고라스도 역시 신비주의적인 피타고라스 교단(敎團)의 카리스마로서 군림하였다. 그리고 그 가르침이라는 것이 수(數)에 대한 숭배였던 것이다.

피타고라스는 자신이 태어난 땅 사모스 섬의 산길을 오르면서 이렇게 생각하였다. 수는 수일 뿐만 아니고 사물의 상징이기도 하다. 성진(星辰)의 운행도, 묘한 음악의 소리도, 가장 아름다운 프로포션(proportion)도——황금분할에 대한 것이기 때문에 만약을 위해——또는 인간사회의 사건도 그 배후에는 항상 수가 있고 수를 가지고 설명할 수 있다. 수는 세계의 진상(眞相)이다. 그러므로 만물은 수다!

Ⅰ. 풀림 문제, 풀리지 않는 문제  *31*

만물은 수로 나타낼 수 있다?!

예컨대 피타고라스파의 사람들이 믿는 바에 따르면 1이라고 하는 수는 신적인 창조자를 의미하고 있었고 2는 여성의, 3은 남성의 상징이었다. 그래서 당연(?)히 2와 3을 더한 수 5는 결혼을 나타내는 것으로 생각되었다는 식이다.

### 왜 6과 28이 완전수인가?

이러한 교설은 이제야말로 거의 모두가 잊혀져 버렸으나 잊을래야 잊을 수 없는 명칭이 하나 남았다. 그것이 '완전수'다. 무엇으로 완전이라 하는가는 그 사람의 인생관이나 세계관에 따라서 미묘하게 다르겠으나 피타고라스파의 사람들은 6이나 28이라고 하는 수 속에서 완전성을 발견하였다.

그도 그럴 것이 6이나 28은 그 자신을 제외한 그 약수(約數) 전부를 합친 수와 정확히 같게 되어 있기 때문이다. 즉 이러하다.

$$6 = 2 \times 3 = 1 + 2 + 3$$
$$28 = 2^2 \times 7 = 1 + 2 + 4 + 7 + 14$$

완전수의 정의가 완전하다는 이유로 되어 있는지의 여부는 매우 의문이 남는 부분이다.

참고로 후세의 스콜라 철학자들이 생각한 그 이유 붙임을 소개하면 6은 신이 세계를 창조한 6일간의 6이고 28은 월의 주기인 28일간의 28이기 때문에 공히 신의 창조의 완전성을 상징하고 있다는 것이다.

우리의 감각으로서는 1주일은 7일간이기 때문에 7쪽이 보다 완전하지 않은가라고 생각하고 싶은 것이다. 그러나 7일째의 일요일은 휴일이기 때문에 이것을 제외하는 것이 유태:그리스도교의 관례인 것이다. 성서에도 분명히 이렇게 적혀 있다.

제7일에 신은 자신의 일을 완성하시고 제7일에 신은 자신의 일을 떠나 안식하였다. 이 날에 신은 모든 창조의 일을 떠나 안식하셨기 때문에 제7일을 신은 축복하고 **성별**(聖別)하셨다. (창세기 2·2~2·3)

이에 반해서 성(聖) 아우구스티누스는 신에 의존함이 없이 6이라는 수 바로 그 속에서 완전성을 본 점에서 피타고라스의 가르침에 정통하고 있었던 것을 알 수 있다. 그이는 이렇게 말하고 있다.

6은 그 자체로서 완전한 수이다. 신이 만물을 6일간에 창조하였다고 해서가 아니다. 오히려 역이 참이다. 즉 신이 만물을 6일간에 창조한 것은 이 수가 완전하기 때문이다. 게다가 만일 6일간의 신의 조화가 가령 존재하지 않았다 하더라도 6은 계속 완전으로 존재하였을 것이다.

성 아우구스티누스가 말하는 것처럼 완전수가 만일 그 자체부터가 완전하다고 한다면 6과 28뿐만 아니고 더 많은 데이터를 채택하고 싶어진다. 6이나 28 이외에도 과연 완전수의 정의를 충족시키는 수는 있는지, 만일 있다고 하면 도대체 몇 개 존재하고 있는지가 다음으로 문제가 되는 것이다.

### '완전수란……' 유클리드의 증명

이 문제에 관해서는 기원전 300년경에 활약한 수학자 유클리드가 그 저서 『원론』 속에서 참으로 멋진 논의를 전개하고 있다. 즉 그이는 다음의 정리를 증명해 보인 것이다.(증명은 다음 페이지에)

「$1+2+2^2+ \cdots +2^{n-1}$이 소수(素數)라면
$(1+2+2^2+ \cdots +2^{n-1}) \cdot 2^{n-1}$은 완전수이다.」

「$p=1+2+2^2+\cdots+2^{n-1}$이 소수이면
$N=p\cdot 2^{n-1}$은 완전수이다.」

(증명)

$p$는 소수이기 때문에 $N$의 양의 약수는
$$1, 2, 2^2, \cdots, 2^{n-1}, p, p\cdot 2, p\cdot 2^2, \cdots, p\cdot 2^{n-2}$$
그래서 이들의 합 S는
$$S=1+2+2^2+\cdots+2^{n-1}+p+p\cdot 2+p\cdot 2^2+\cdots+p\cdot 2^{n-2}$$
$$=(1+2+2^2+\cdots+2^{n-1})+p(1+2+2^2+\cdots+2^{n-2})$$

등비수열의 합의 공식에 따라
$$1+2+2^2+\cdots+2^{n-2}=\frac{2^{n-1}-1}{2-1}=2^{n-1}-1$$

또, $1+2+2^2+\cdots+2^{n-1}=p$이기 때문에
$$S=p+p(2^{n-1}-1)=p\cdot 2^{n-1}=N$$
$\therefore$ $N$은 완전수   Q. E. D.

완전수의 증명

여기서 말하는 '소수'란 1과 그 자신 이외에 양의 약수를 갖지 않는 수를 말한다. 관례로서 1은 소수로 간주하지 않는 약속이기 때문에 구체적으로는 2, 3, 5, 7, 11, 13…… 등이 소수가 된다.

또 $1+2+2^2+\cdots+2^{n-1}$은 고등학교에서 배우는 등비급수의 합의 공식을 사용하면

$$1+2+2^2+\cdots+2^{n-1}=\frac{2^n-1}{2-1}$$

으로 돼서 결국 $2^n-1$을 말하는 것이기 때문에 유클리드의 정리는 다음과 같이 고쳐 적어 두는 것이 보기 쉬울 것이다.

「$2^n-1$이 소수이면 $(2^n-1)\cdot 2^{n-1}$은 완전수이다.」

여기서 $n$에 2, 3을 대입하면

$(2^2-1)\cdot 2^{2-1}=3\cdot 2=6$

$(2^3-1)\cdot 2^{3-1}=7\cdot 4=28$

이 되어 두 개의 완전수 6과 28을 유도해 낼 수 있다.

마찬가지로 하여 $2^n-1$이 소수가 되도록 $n$을 찾아 보면 비교적 쉽게 5와 7의 경우에 그렇게 되는 것을 안다. 따라서

$(2^5-1)\cdot 2^{5-1}=31\cdot 16=496$

$(2^7-1)2^{7-1}=127\cdot 64=8128$

의 두 개도 완전수가 된다.

이러한 방식으로 계산을 계속해 가면 무수한 완전수를 얻을 수 있을 것 같으나 그렇게는 되지 않는다. $2^n$이라는 수는 $n$이 증가됨에 따라 터무니없이 큰 수로 되어 가기 때문에 거기에서 1을 뺀 수가 소수인지 아닌지를 판정하는 것이 매우 어렵게 되기 때문이다.

$2^n-1$이 소수가 되기 위해서는 $n$이 소수가 아니면 안된다는 것은 쉽게 보여 줄 수 있다. 그런데 가령 $n$이 소수일지라도 $2^{n-1}$은

반드시 소수로 되지는 않는다. 예컨대 7의 다음의 소수인 11을 $n$ 에 대입하면 두 개의 소인수 23과 89——이것들은 소수이다 ——의 곱으로 분해되어 버린다. 즉

$$2^{11}-1=2047=23\times 89$$

이와 같이 두 개 이상의 소수의 곱으로 분해될 수 있는 수를 '합성수(合成數)'라고 한다. 그러나 큰 수가 되다 보면 그 수가 소수인지 아니면 합성수인지를 판정하는 것은 일반적으로는 결코 손쉬운 것은 아니다.

이 점에 피타고라스로부터 2500년 이상 경과한 현재도 아직 계속해서 미해결 상태로 있는 완전수 문제의 본질이 있는 것이다.

### 완전수는 몇 개 있는가?

이제까지 등장한 4개의 완전수는 기원 100년경까지는 그리스인에 의해서 발견되어 있었다. 그 뒤는 큰일이어서 1500년 간에 걸친 수학자들의 노력으로도 완전수의 리스트에 추가할 수 있었던 것은 다음에 보여 주는 단지 3개의 수에 지나지 않았다.

$$(2^{13}-1)\cdot 2^{12}=8191\cdot 2^{12}=33550336$$
$$(2^{17}-1)\cdot 2^{16}=131071\cdot 2^{16}=8589869056$$
$$(2^{19}-1)\cdot 2^{18}=524287\cdot 2^{18}=137438691328$$

그런데도 어떻게든 전자식 탁상 계산기로 계산될 수 있을 것 같은 것은 최초의 것뿐이다. 세번째의 식에 나오는 524287이라는 수가 소수라는 것을 보여 주는 데 선인(先人)들이 얼마만큼의 시간을 계산에 소비하였는가를 상상하면 거의 정신을 잃을 지경이다.

그러나 수학은 진보한다. 완전수를 구하는 데에 당면의 목표는

$(2^n-1) \cdot 2^{n-1}$의 형태의 수에 대상이 압축된 것이기 때문에 이하 당분간은 $2^n-1$이라는 수만을 문제로 삼기로하자.

$n$은 소수이기 때문에 관례에 따라 $p$라고 표기를 고쳐——$p$는 *prime number*(소수)의 머리문자이다——소수 $p$를 포함하는 이 수를 간단하게 하기 위해 $M_p$라고 쓰기로 한다. 즉

$M_p = 2^p - 1$ ($p$는 소수)

### 메르센느의 예상

1644년 프랑스의 수학자 메르센느는 19보다 크고 257이하의 $p$에 대해서 $M_p$가 소수로 되는 것은 $p$가 31, 67, 127, 257의 4개의 경우 뿐이라고 하는 대담한 예상을 공표했다. 그 이래 소수가 되는 $M_p$는 '메르센느 수'라고 부르고 있다.

이 예상에 대해서는 우선 128년 뒤인 1772년에 최초의 성과를 올렸다. 스위스 태생의 대수학자 오일러가 $p=31$일 때에 $M_p$가 소수로 되는 것을 증명해 보인 것이다.

그러나 다음의 성과를 얻는 데에는 또 100년의 세월을 기다리지 않으면 안되었다. 1876년, 이번에는 프랑스의 수학자 류커가 $p=67$과 127에 대해서 소수의 판정에 성공하였다. 결과는 절반은 메르센느 예상에 반하여 $p=127$ 쪽만이 소수가 되고 $p=67$의 메르센느형의 수는 소수가 아니라는 것이 판명되었다. $p=67$의 메르센느형 합성수는 구체적으로 적으면 다음과 같은 21자리의 수가 된다.

$M_{67} = 147573952589676412927$

다만 류커는 이 거대한 수를 실제로 인수분해해서 보여준 것은 아니다. 오늘날 '류커 테스트'라고 불리는 교묘한 소수판정법을 생

각해 내어 그것에 의해서 합성수라는 것을 간접적으로 증명한 것이다.

직접적으로는 합성수라는 것을 보여준 것은 미국의 수학자 프랑크 넬슨 콜이고 1903년의 일이다. 미국수학회의 회의석상에서 조용히 연단에 올라간 콜이 말없이 흑판에 적어서 만장의 박수갈채를 받았다고 전해지는 그 식(式)을 여기에 옮겨보자.

$$M_{67} = 193707721 \times 761838257287$$

류커 테스트는 그 뒤 개량이 되어 이 방식에 따라서 $p=61$, 89, 107의 경우에 메르센느형 수가 소수로 되는 것을 알았다. 연대적으로는 순차로 1883년, 1911, 1914년의 일이다.

이것들은 메르센느의 예상에는 등장하고 있지 않았던 수이다. 원래의 예상에 있었던 마지막의 수 $p=257$에 대해서 결말이 난 것은 이럭저럭 1922년이 되면서부터였다. 더구나 합성수라는 준엄한 판정이었다. 덧붙여 말하면 이 경우도 실제의 소인수분해는 이것보다 훨씬 늦어져 1980년에 완성되었다.

결국 메르센느의 예상은 2개가 들어맞고 2개가 빗나간 것이 된다. 그 밖에 3개의 "들어맞음"을 간과하고 있었기 때문에 엄격히 말하면 50/50의 승률이라고는 말할 수 없으나 선구적으로 문제를 제기한 점에는 무엇으로도 바꿀 수 없는 공적이 있었다고 높이 평가해야 할 것이다.

메르센느는 $p$가 257 이하의 경우에 대해서 생각한 것인데 이 범위 내에서 모든 합성수의 소인수분해가 완성된 것은 1984년이기 때문에 정말 아주 최근의 일이다. 그때 컴퓨터가 대활약을 한 것은 말할 것도 없다. 참고로 이제까지 나온 몇 갠가의 메르센느 수와 257이하의 범위에서 마지막까지 소인수분해가 되지 않아서 끈질기

메르센느가 예상할 수 없었던 메르센느 수(소수)

$M_{61} = 2305843009213693951$

$M_{89} = 618970019642690137744956211$

$M_{107} = 162259276829213363391578010288127$

마지막까지 미해결이었던 메르센느형 합성수의 소인수분해

  ( )는 발견된 연도

$M_{257} = 535006138814359$
  $\times 1155685395246619182673033 \times p_{39}$

—— (1980년)

$M_{211} = 15193 \times 6027295633838849161 \times p_{40}$

—— (1983년)

$M_{251} = 503 \times 54217 \times 178230287214063289511$
  $\times 61676882198695257501367 \times p_{26}$

—— (1984년)

(다만 $p_n$은 $n$자리의 소수, 너무 길어지기 때문에 생략)

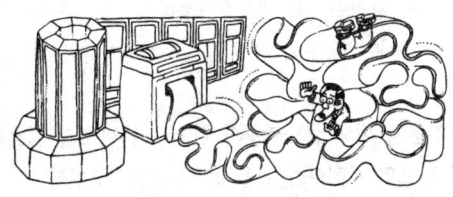

이제까지 알려져 있는 메르센느 수와 257 이하의 메르센느형 합성수의 예.

게 남아 있던 3개의 메르센느형 합성수를 다음 페이지에 보여 준다.

그런데 $p=127$의 다음에 오는 13번째의 메르센느 수는 메르센느가 예상한 것보다 훨씬 거대한 $p=521$의 수였다.

메르센느 수 찾기는 슈퍼컴퓨터의 성능체크에 안성맞춤의 문제이기도 했기 때문에 그 뒤는 일사천리로 발견이 진척되어 현재로는 합계 30개의 메르센느 수가 알려져 있다(1990년 10월 현재).

30번째의 메르센느 수는 $p=216091$의 경우로 1985년에 미국의 휴스턴에 있는 민간기업인 엔지니어 그룹에 의해서 우연히(?) 발견됐다. 사용된 슈퍼 컴퓨터는 크레이 X-MP다. 이 메르센느 수

$$M_{216091} = 2^{216091} - 1$$

은 65,050자리의 수로서 현재 인류가 알고 있는 최대의 소수이다.

### 홀수의 완전수는 있는가?

앞에서 지적해 둔 것처럼 메르센느 수가 발견되면 거기에서 자동적으로 완전수를 유도해 낼 수 있는 것이다. 따라서 우리들은 합계 30개의 완전수를 수중에 넣고 있는 셈이다.

그런데 메르센느형의 완전수는 정의로부터 분명히 짝수였다. 그래서 깊게 생각할 것까지도 없이 두 가지의 소박한 의문이 생긴다. 하나는 '짝수의 완전수이고 메르센느형이 아닌 것은 없는가?'라는 의문이고 또 하나는 '홀수의 완전수는 존재하지 않는가?'라는 문제이다.

최초의 의문에 대해서는 짝수의 완전수가 반드시 메르센느형을 하고 있지 않으면 안된다는 것을 18세기에는 오일러가 재빨리 증명하고 있다.

그런데 또 하나의 의문에 대해서는 이것을 전혀 모른다는 것이

현상황이다. 즉 홀수의 완전수는 아직 단하나도 발견되고 있지 않다. 10의 50제곱, 즉 1 다음에 0이 50개 붙는 수 이하에는 존재하지 않는다는 것까지는 분명히 보여 주고 있다. 또한 10의 100제곱 이하에는 그럭저럭 될 것 같다고도 일컬어지고 있다. 과연 홀수의 완전수는 '라운드 스퀘어(round square, 둥근 4각)'와 마찬가지로 원리적으로 존재불가능한 것일까?

그러나 메르센느 수의 발견을 되돌아보면 알 수 있는 것처럼 완전수의 발견은 상당히 우연에 좌우되는 사건이다. 산 속에서 한알의 사금(砂金)을 찾아 내는 작업과도 닮고 있다. 첫째로 짝수의 완전수가 무한으로 있는지의 여부조차 증명되어 있지 않다.

따라서 무한대로 이르는 요원한 길의 어딘가에 거대한 홀수의 완전수가 용처럼 누워 있지 않다고는 누구도 단언할 수 없는 것이다. 어느 날엔가 홀수의 완전수는 그 모습을 우리들 앞에 나타낼 것인가? 그렇게 되면 그 가공할 만한 기관(奇觀)에 세계의 수학자들이 술렁거릴 것이다.

어떻든 완전수 문제는 아직도 완전한 수수께끼이고 피타고라스가 좋아하는 신비의 베일에 싸여 있다'라고 말해도 될 것 같다. 누구인가, '완전수의 완전은 완전한 수수께끼의 완전이라고 발견하였다' 등이라 호언장담하고 흐뭇해 하고 있는 사람은?!

## 2. 그리스의 3대 작도 문제와 초월수

**아폴로 신의 계시**

우선은 과거의 전설부터 시작하자.

지금으로부터 2천수백 년 이상이나 이전의 고대 그리스에서의 이야기이다. 한때 에게 해(海)로 퍼져 그리스 세계의 전역을 아주 무서운 전염병이 덮친 일이 있었다. 당시는 의학도 아직 발달하고 있지 않았기 때문에 이러한 재앙이 발생하면 반드시 신이 등장한다.

그 중에서도 데로스 섬에 있었던 아폴로의 신전(神殿)은 영험(靈驗)이 뚜렷한 계시로 널리 사람들의 신앙을 모으고 있었다. 이 때에도 즉각 아폴로 신의 계시가 내려졌는데 그것은 다음과 같은 구체적인 지시를 수반하는 것이었다.

나의 신전 앞에 있는 입방체의 제단(祭壇)은 형태는 좋으나 크기가 부조화(不調和)이다. 이 제단을 형태는 그대로 부피를 정확히 2배의 입방체로 바꿔 만들어라. 그러면 재앙은 사라지고 영원한 조화가 계속될 것이다.

사람들은 이 계시에 크게 기뻐했다. 침식도 잊고 제단의 개축에 힘썼다. 그런데 새로운 제단이 완성되었다고 하는데도 나쁜 전염병의 유행은 전혀 진정되는 것 같지가 않았다. 곤경에 빠진 장로들은 저명한 철학자를 초청해서 원인을 규명해 주도록 하였다. 제단 앞에 선 철학자는 일언지하에 이렇게 말해치웠다는 이야기이다.

 어리석은 자! 각 변의 길이를 2배로 하고 있다니. 이것으로는 부피가 8배나 되어 신의 노여움이 정말 증가할 뿐 아닌가.

결국 사람들의 기쁨은 덧없는 기쁨에 불과했다는 것이다. 그러면 부피를 2배로 하는 데에는 각 변의 길이를 몇 배로 하면 되는 것일까? 이것이 「데로스의 문제」라고도 불러 온 「입방 배적 문제」이다. 더구나 그리스인은 이 문제를 자와 컴퍼스만을 사용해서 풀려고 하였다.

후술하는 바와 같이 사실은 자와 컴퍼스만으로는 이 문제는 풀 수가 없고 따라서 제단을 고쳐 만드는 것도 실제로는 불가능하였던 것이다. 그래서 이 계시는 어쩌면 '신들의 지혜를 깔보지 말라'라고 설유(說諭)하기 위해 아폴로가 사람들에게 준 교훈이었는지도 모른다.

### 3대 작도 문제는 풀리지 않는다!

그리스인들은 이것과 마찬가지의 작도(作圖)상의 난문을 나머지 2개 남겨서 그 해결을 후세의 수학자들에게 맡겼다. 이것이 세상에서 말하는 「그리스의 3대 작도(불가능) 문제」이다. 요즘식의 표현으로 다음에 그 세 가지를 나열해 본다.

 I. 입방체의 1변의 길이가 (임의로) 주어졌을 때 그 부피를 2배

로 하는 입방체의 1변의 길이를 작도에 의해서 구하라.(입방배적 문제)
II. 임의로 주어진 각의 3등분선을 작도하라.(각의 3등분 문제)
III. (임의로) 주어진 원과 같은 넓이를 갖는 정방형을 작도하라. (원적 문제)

여기서 말하는 작도란 전술한 바와 같이 '자와 컴퍼스를 유한회 사용한 작도'라는 의미이다. 다만 멋대로 아무것이나 그리면 된다는 것이 아니고 매우 한정된 요청으로 되어 있는 점에 주의하기 바란다.

이들 3대 작도 문제는 2천수백 년의 긴 세월에 걸쳐서 수많은 수학자들을 괴롭힌 끝에 겨우 19세기가 되면서부터 해결되었다. 그것도 풀리지 않는 것이 증명되었다라는 형태로 풀려 버린 것이다.

정확히 말하면 I과 II의 불가능성을 완체르(1814~1848)가 보여 준 것이 1837년이고 린데만(1852~1939)에 의해서 III의 불가능성이 증명된 것은 1882년의 일이었다.

## "각의 3등분가(家)"의 등장

그런데 세상에는 어떠한 일에도 반드시 이의신청을 하지 않고는 못견디는 사람이 있는 것이어서 아마추어 수학 팬의 세계에도 예외는 아니다.

어떤 사람은 '풀리지 않는다는 것을 알았다고 해서 그 문제가 풀린 것으로는 되지 않는다. 첫째 풀리지 않는 것을 알고 있기 때문에 풀려고 하는 것이고 또한 풀 만한 가치가 있는 것이다'라고 생각하였다. 일본의 저명한 정치 평론가들 중에도 그러한 방법의 논법을 신조로 하고 있는 사람이 적지 않게 있다. 누구누구라고 이름

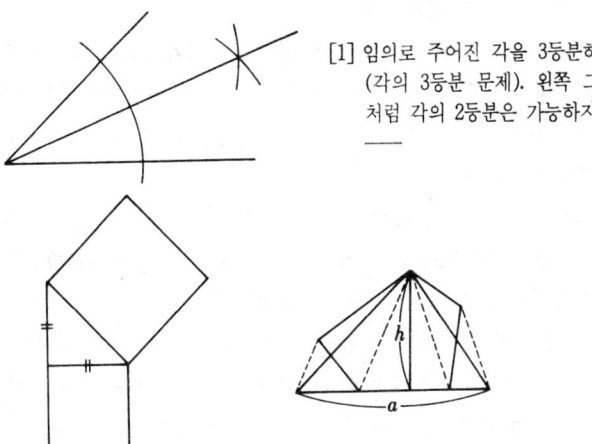

[1] 임의로 주어진 각을 3등분하라 (각의 3등분 문제). 왼쪽 그림처럼 각의 2등분은 가능하지만 ——

[2] 주어진 입방체의 부피의 2배와 같은 부피를 가지는 입방체를 작도하라(입방 배적 문제 또는 데로스의 문제). 위의 그림처럼 2배의 넓이를 갖는 정방형이면 작도할 수 있지만 ——

[3] 주어진 원과 같은 넓이를 갖는 정방형을 작도하라(원적 문제). 위의 그림처럼 주어진 다각형과 넓이가 같은 3각형을 작도할 수 있다. 또 이 3각형과 넓이가 같은 정방형 (1변 $x$)을 왼쪽 아래 그림과 같이 작도할 수 있다.
그러나 변의 수가 무한으로 커진 다각형(=원)이 되면 ——

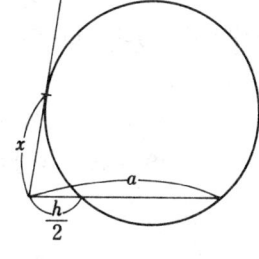

그리스의 3대 작도 문제. 자와 컴퍼스만으로 작도할 수 있는가?

을 대는 것은 꺼려지지만······.

요컨대 이것은 일종의 궤변(詭辯)이다. '풀리지 않는다'라는 말의 수학적인 의미와 일상적인 의미와를 뒤범벅으로 하고 있는 것이다. 논리적 해석과 정의적(情意的) 해석을 병용(併用)하고 있다고 바꿔 말해도 상관없다.

정치의 세계와는 틀려서 아마추어 수학 팬의 경우는 이 궤변을 무의식중에 사용하고 있어 자기 자신이 자기의 말에 농락당하고 있는 경우가 많은 것 같다. 악의는 없기 때문에 귀엽다고 생각하면 생각못할 것도 없으나 역시 일종의 괴짜라고나 말해야 할 것이다.

19세기에는 원적 문제의 긍정적 해결에 과감히 계속 도전한 사람이 많았던 것 같다. 실은 이것이 가장 어렵다. 적당한 것은 역시 각의 3등분이라고 하는 정도일까. 언뜻 보기에 쉽게 생각된다. 이리하여 지금도 아직 그 긍정적 해결에 도전하고 있는 기괴한 사람들의 일군이 탄생하게 되었다. 이것이 풍설의 "3등분가(家)"들이다.

미국의 언더우드 다트리라는 수학자가 3등분가를 둘러싼 "현대의 전설"을 우스꽝스럽게 적어 두고 있다. 이 수학자는 3등분가와 적극적으로 편지 왕래를 하거나 때로는 만나러 나가거나 해서 족히 200 이상의 3등분법의 컬렉션을 수집하고 있다던가. 물론 모두가 잘못된 소위 잡동사니의 컬렉션이다.

다트리가 그리는 3등분가의 프로필은 다음과 같다. 노자키 아키히로(野崎昭弘)라는 죠치(上智)대학 교수의 명역(名譯)을 감상하기 바란다.

> 3등분가의 두드러진 특징은 모두 노인이라는 것이다. 전형적인 3등분가는 기하의 수업에서 각의 3등분에 대한 것을 듣고 몇 년이나 지나서 대개 정년퇴직 후에 겨우 그의 방법을 발견하는 것

이다. "그의"라고 한 것은 특별히 남녀차별주의 때문이 아니고 거의 모든 3등분가가 남성이기 때문이다. 내가 알고 있는 여성의 3등분가는 두 사람뿐이고 적당한 통계 처리에 따르면 여성의 3등분가는 4% 이하라는 것을 95%의 신뢰도로 말할 수 있다. 여성은 그러한 것에 시간을 낭비할 만큼 어리석지는 않다. 3등분가는 나이먹은 남자이다.

그 '나이먹은(늙은) 남자'의 한 사람은 어느 책을 보아도 '각의 3등분은 불가능하다'라고 적혀 있는 것에 놀라고 질려서 의연한 태도로 이렇게 말해 치우고 있다.

과학자는 어찌하여 그렇게 어리석은 것일까? 과학자이건 수학자이건 어떠한 것을 불가능하다고 선언하는 것은 그 문제에 손을 대기 이전에 이미 자기의 한계를 보여주는 것이 아닌가.

불가능한 것을 알고도 제곱해서 음이 되는 실수(實數)를 찾으려고 하거나 중심에서의 거리가 같지 않은 원을 작도하려고 하는 사람이 있을까? 그리고 그것을 시도해 보지 않는다고 해서 패배(敗北)주의라고 규탄될 이유가 어디에 있겠는가?

이것은 다트리도 지적하고 있는 것인데 '불가능성의 증명'이라는 수학에 있어서의 본질적인 사항에 대한 세간 일반의 몰이해가 생긴 배경에는 혹시 현재의 수학교육에도 그 책임의 일단이 있는지도 모른다.

### 학교수학에도 책임이 있다.

학교수학에서는 풀리지 않는 문제는 우선 100% 출제되지 않는다. '실수해(實數解)가 존재하지 않는 것을 보여라'라는 형태의 문제는 있으나 '풀리지 않는 것을 보여라'라고 명기하거나 또는 은근히 그러한 함축성이 있는 문제는 전혀 없다.

언제였던가, 대학입시에서 풀이가 일의적으로 결정되지 않는, 즉 풀이가 하나만이 아닌 문제가 출제되어 대소동이 일어난 일이 있었다. 틀림없이 출제자가 조건을 하나 깜박 잊고 쓰지 않았을 것이다. 그 조건이 있으면 풀이는 하나였을 것이다. 이 '사건'에 대해서는 특히 고등학교 선생이나 입시 학원 교사로부터의 반발이 컸다고 듣고 있다. 결국 그 문제는 채점에서 제외시킨다는 형태로 결말이 났다고 한다.

그러나 나의 생각인데 조건이 부족해서 풀이가 하나로 결정되지 않는다면 그와 같이 분명히 답안에 써야 할 것이고 그러한 것을 간파한 수험생에게야말로 점수를 주어야 하는 것이 아닐는지. 이 발상은 사회생활에도 통용되는 것이라고 생각하나 깊이 들어가지 않겠다.

### '3대 작도 문제는 불가능!'의 증명

앞에서 말한 것처럼 3대 작도 문제는 모두 불가능하다는 것이 증명되어 있다. 증명의 요점을 간략하게 해설해 둔다.

우선 '컴퍼스와 자를 사용해서 작도하라'는 요청을 대수(代數)의 말로 번역해 둔다. 컴퍼스는 원을, 자는 직선을 작도하는 도구이다. 물론 사용방법에 따라서는 창의적인 고안을 하여 별개의 용도로도 사용할 수 있으나 그러한 사용법은 금지한다. 수학도 일종의 게임이기 때문에 게임의 룰은 지키지 않으면 않된다. 그래서 이 룰에 따르는 이상, 작도에서 얻어지는 점의 위치는 원과 원, 원과 직선, 직선과 직선과의 교차점으로서밖에 나타나지 않는다. 또한 선분(線分)의 길이라 해도 그렇게 해서 얻어진 점끼리의 최단거리로서밖에는 나오지 않는다.

 이것을 방정식의 말로 바꿔 말하면 원과 직선을 나타내는 각종 방정식을 연립시켜서 점의 위치를 구하고 점끼리의 길이는 거리의 공식으로 구하는 것이 된다. 이렇게 해서 얻어지는 값은 방정식의 각 계수(係數)에 가감승제(加減乘除)와 제곱근을 유한회 사용해서 만들어지는 수뿐이다. 참으로 개략적인 견해이나 당분간은 이것으로 충분할 것이다.

 예컨대「데로스의 문제」즉 입방 배적 문제이다. 최초에 주어진 입방체의 1변의 길이를 $a$, 구하고자 하는 부피가 2배인 입방체의 1변의 길이를 $x$라고 하자. 그러면 $a$와 $x$와의 관계는 다음과 같은 간단한 식으로 나타낼 수 있다.

$$x^3 = 2a^3, \ a>0, \ x>0 \ \therefore x = \sqrt[3]{2}\,a$$

 결국 길이가 $a$의 $\sqrt[3]{2}$ 배의 선분이 컴퍼스와 자로 작도될 수 있다면 이 문제는 풀리게 된다. 여기서 $\sqrt[3]{2}$ 란 세제곱해서 2가 되는 수를 말하는 것으로 '2의 세제곱근'이라 부른다.

 그런데 앞에서 확인해 둔 것처럼 컴퍼스와 자로 그을 수 있는 선분의 길이는 가감승제와 제곱근을 유한회 사용해서 만들어질 수 있는 수뿐이고 이 리스트(풀이의 집합) 속에는 세제곱근을 사용한 수는 포함되어 있지 않다. 즉 $a$의 $\sqrt[3]{2}$ 배가 되는 수를 길이로 갖는 선분은 암만 몸부림쳐도 작도 불가능이라는 결론으로 된다.

 각의 3등분에 대해서도 마찬가지로 생각할 수 있다. 이 경우 문제는「임의의 각을 3등분하라」였기 때문에 작도할 수 없는 실례를 하나 들면 '임의의 각'에 관한 명제 바로 그것을 부정하는 데 충분하다.

 이러한 실례를 그 명제가 올바르지 않다는 것을 보여 주는, '반례(反例)'라 부른다. 반례는 아무것이라도 좋으나——물론 90°나

$120°=\theta$로 둔다.

오른쪽 그림으로부터

길이 $\cos\dfrac{\theta}{3}$의 선분이 작도될 수 있으면 된다.

3배각의 공식 $\cos 3\cdot\dfrac{\theta}{3}=4\cos^3\dfrac{\theta}{3}-3\cos\dfrac{\theta}{3}$

및 $\cos\theta=\cos 120°=-\dfrac{1}{2}$로부터

$$4\cos^3\dfrac{\theta}{3}-3\cos\dfrac{\theta}{3}=-\dfrac{1}{2}$$

$2\cos\dfrac{\theta}{3}=x$라고 두면, $x$는

$$x^3-3x+1=0$$

의 실수해.

그런데 이 풀이는 가감승제와 제곱근을 유한회 사용하는 것만으로는 나타낼 수 없다.

∴ 120°의 3등분선은 작도할 수 없다.   Q. E. D.

**120°의 3등분선은 작도할 수 있는가?**

135°처럼 바로 3등분할 수 있는 예로는 곤란하다——여기서는 흔해 빠진 각이라는 것으로 120°를 예로 들었다(다음 페이지 참조).

이와 같이 입방 배적 문제와 각의 3등분 문제와는 본질적으로 같은 것이다. 그 요점은 구하고자 하는 수가 세제곱을 포함하고 있는 것에 있었다. 그러면 세번째의 원적 문제는 어떠할까. 실은 이쪽이 각별히 어렵게 된다. 해결이 반세기 가까이나 그 밖의 두 문제보다 늦어진 것도 무리가 아닌 이야기였던 것이다.

### 원적문제에서는 원주율 $\pi$가 난관이다.

원적 문제를 방정식으로 고쳐 써 보자. 주어진 원의 반지름을 $r$, 그것과 같은 넓이를 갖는 구하고자 하는 정방형의 1변의 길이를 $x$로 한다. 그러면 이 관계는

$$\pi r^2 = x^2,\ r>0,\ x>0\ (\text{다만 } \pi\text{는 원주율})$$

라고 하는 2차방정식으로 나타낼 수 있다. 단순히 이것을 풀면

$$x = r\sqrt{\pi}$$

확실히 계수의 가감승제와 제곱근만을 사용하고 있다. 세제곱근은 그림자도 형태도 없다. 이것이라면 컴퍼스와 자로 작도할 수 있을 것이라고 생각하고 싶은 바이지만 이것이 전연 불가능한 것이다. 왜 그럴까? 문제는 원주율 $\pi$에 있다.

조금전에는 작도 가능하기 위한 조건은 필요한 값을 구하기 위해 세운 방정식의 풀이가 그 계수의 가감승제와 제곱근을 유한회 사용해서 표시되어 있지 않으면 안된다고 말하고 특히 '가감승제' 이하의 부분('제곱근을 유한회……')을 강조하였다. 그러나 만일 그 계수가 처음부터 세제곱이 되는 수로 설정되어 있었다고 하면 어

떠할까?

그렇다. 앞의 두 문제도 작도 가능하게 되어 3등분가들을 미치도록 기쁘게 할 것이다. 결국 앞에서는 엄밀한 표현은 굳이 하지 않은 것인데 사실인즉 방정식을 생각할 때에는 계수를 어떠한 범위로 생각하는가가 매우 중요하다는 것이다.

이 시점(視點)의 전환은 단순히 식을 계산하거나 방정식을 푸는 것에서 참된 의미에서의 대수학(추상대수학)으로의 제1보이다. 계수의 범위 및 풀이의 범위를 어떻게 잡는가에 따라 수학적인 내용은 싹 바뀌어 버린다. 그리고 이번에는 그러한 수의 집합 전체를 생각하여 그 구조를 밝힌다는 형태로 수학적 시야가 자꾸만 확대되어 가는 것이다.

### 초월수의 존재

계수 $a_i(i=0, 1, 2, \cdots\cdots n)$가 모두 정수(整數) (다만 $a_0 \neq 0$) 인 $n$차 대수방정식

$$a_0 x^n + a_1 x^{n-1} + \cdots\cdots + a_{n-1} x + a_n = 0$$

의 근(풀이)이 될 수 있는 수를 '대수적 수'라고 한다. 계수 $a_i$를 유리수, 즉 분수의 범위에서 잡는 경우도 있으나 그 경우는 각 계수의 모든 분모의 최소공배수를 양변에 곱해 주면 결국은 정계수(整係數 : 계수가 정수)가 되기 때문에 마찬가지다.

대수적 수로 될 수 없는 즉 어떠한 정계수의 대수방정식을 취해도 그 근(풀이)이 될 수 없는 수를 '초월수'라고 한다. 초월수는 물론 무리수 즉 유리수가 아닌 수이지만 무리수는 반드시 초월수로는 되지 않는다. 예컨대 무리수인 $\sqrt{2}$ 나 $\sqrt[3]{2}$ 는 각각

$x^2-2=0$
$x^3-2=0$

의 근이 되기 때문에 대수적 수이다.

초월수의 존재는 1844년에 서둘러 보여졌다. 또한 그 수가 자연수나 유리수보다도 '많이 있다'는 것도 알고 있었다. 그러나 처음으로 세상에 알려진 초월수는 자못 인공적인 것이었다. 또는 초월수가 아닌가 하고 의심되고 있던 가장 자연스런 상수(常數), 예컨대 지금 문제로 삼고 있는 원주율 $\pi$라든가 고등학교의 '미분적분'에서 배우는 자연로그의 밑 $e$가 실제로 초월수라는 것이 증명된 것은 훨씬 뒤의 일이다.

생각해 보면 정의 바로 그것으로 초월수가 되는 것은 매우 파악하기 어려운 느낌이 든다. 대수적 수가 되지 않는다는 것 때문에 어떠한 교묘한 방법으로 대수 방정식을 세워 보아도 헛된 노력이다. 신이라면 무한개가 있는 대수 방정식의 모두를 한꺼번에 '주사(走査)'해서 초월수인지 아닌지를 체크할 수 있을지 모르나 인간에게는 물론 컴퓨터에게도 이러한 것은 영원히 불가능하다. 문자대로의 의미로 '영원히'이다.

결국 초월수라는 것을 증명하기 위해서는 대수적도 기하적도 아닌 전혀 별개의 방법을 채택하지 않으면 안되었다. 대수적으로도 기하적으로도 아니라면 나머지는 해석적 방법 즉 미분, 적분 등 무한소(無限小)를 취급하는 수학이 된다. 실제 에르미트(1822~1901)가 1873년에 자연로그의 밑 $e$가 초월수라는 것을, 이어서 9년 늦게 린데만(1852~1939)이 원주율 $\pi$가 초월수라는 것을 증명하는 데에 사용한 전략은 다름아닌 '해석적 방법' 바로 그것이었다.

이리하여 $\pi$가 초월수라는 것이 증명되어 버리면 원적 문제를 자와 컴퍼스를 유한회 사용해서 푸는 것은 불가능하다라는 것이 자명한 것으로 된다.

### 초월수는 많이 있을 터인데……

해석학의 진보된 용어를 사용하지 않으면 설명 불가능하기 때문에 구체적인 이야기로는 들어가지 않지만 초월수론은 1930년대 이후 비약적인 발전을 이룩하고 있다. 특히 1970년에 필즈상을 수상한 베이커의 작업은 그때까지 알려져 있던 약간뿐인 초월수의 실례, 즉 $e$, $\pi$, $\pi+\log 2$, $2^{\sqrt{3}}$ 등을 거의 모두 포괄하는 거대한 업적이었다.

그러나 예컨대 대학 교양 과정의 해석 입문에 반드시 등장하는 오일러의 상수,

$$r = \lim_{n \to \infty} \left\{ 1 + \frac{1}{2} + \frac{1}{3} + \cdots\cdots + \frac{1}{n} - \log n \right\}$$

와 같은 흔해빠진 수조차 그것이 초월수인지 아닌지는 아직도 판정되어 있지 않은 것이 현상황이다(이 $r$는 실은 그것이 무리수인지 어떤지조차 모르고 있다).

유리수의 '수(농도)'보다도 더 많다고 하는데 우리들이 입수한 초월수는 정말 헤아릴 수 있을 정도밖에 없다. 비유를 해 보면 바다에 한번도 가본 적이 없는 사람이 몇 개의 조개껍질을 보물처럼 소중히 방의 아랫목에 장식하고 있다는 것이 초월수에 대한 우리들의 현상황인 것이다.

언제 넓은 바닷가에 가서 넘쳐흐를 만큼의 조개껍질에 파묻혀서 그 조개껍질로 목걸이를 만들 수 있을 것인가? 그리스의 3대 작도 문제가 2천수백년 동안 수수께끼에 싸여 있었던 것처럼 초월수가 북적거리는 바닷가도 몇 세기 동안이나 불가시(不可視)의 베일에

계속 숨겨지는 것일까? 또는 세계는 미래로 달리는 세번째의 "전설"의 도래를 대망하고 있는지도 모른다.

## 3. 소수의 수수께끼에서 리만의 예상으로

### 소수는 자연수의 "소재(素材)"

지금 1000과 1001이라고 하는 두 개의 양의 정수(자연수)를 생각하고 이것을 될 수 있는 대로 작은 수로 나누어 보라. 그러면 양자는,

$1000 = 2^3 \cdot 5^3$
$1001 = 7 \cdot 11 \cdot 13$

으로 된다. 여기서 표시된 2, 5, 7, 11, 13은 이것 이상 작은 수의 곱으로는 분할할 수 없는 수, 즉 '소수'이다.

자연수라면 어떠한 수를 가져 와도 마찬가지로 해서 소수의 곱으로 분해할 수 있고 게다가 그 방법은 순서를 무시한다면 단지 한 가지밖에는 없다. 이것이 자연수가 갖는 가장 중요한 성질인 '소인수분해의 일의성'이다.

소수는 이러한 의미에서 온갖 자연수를 합성하기 위한 "소재"로 되어 있다. 건축에 비유한다면 소수는 벽돌이자 석재(石材)라고 말해도 될 것이다.

예컨대 공룡(恐龍)을 연구하고 있는 고생물학자가 여러 가지 부분의 뼈의 화석으로부터 그 모습을 복원시켜 보여 주는 것처럼 수학자도 소수의 특성에 착안해서 그것을 소인수(소의 약수)로서 포함하는 복잡한 수의 성질을 조사한다고 하는 일이 흔히 있다. 소수가 옛부터 수학의 중요한 연구대상으로 되어 온 것도 이 때문이다.

덧붙여 말하면 소인수분해의 일의성은 당연한 것처럼 생각되는지도 모르나 결코 그렇지는 않다. 실제 더 추상적인 수의 체계 속에는 이 성질이 성립하지 않는 것도 많이 있다. 한때 크로네커(1823~1891)는 '나의 사랑하는 신은 자연수를 창조해 주셨다. 그것 이외의 수는 모두 인간이 만든 것이다'라는 유명한 말을 남겼다. 크로네커의 신은 몹시 좋은 성질을 스스로의 창조물에 주신 것이다라고 감탄할 뿐이다.

## 소수는 몇 개 있는가?

그래서 소수가 그렇게 중요한 것이라면 우선 알고 싶어지는 것이 '소수는 도대체 몇 개 정도 있는 것일까?'라는 것이다.

그 대답은 기원전 300년경의 유클리드 시대부터 알려져 있었다. 그이의 『원론』에는 '무한으로 많은 소수가 존재한다(유클리드 자신의 말로 표현하면 어떤 소수도 어느 소수보다도 작다)'는 것이 훌륭한 증명부로 기재되어 있다(제9권 명제20). 듀돈네는 이 정리를 '그리스의 수론(數論)의 가장 아름다운 정리'라고 말하고 있다.

수학의 아름다움을 판정하는 기준의 하나로 그 증명의 간결성이나 단순성을 들 수 있다. 유클리드의 이 정리의 증명도 참으로 단순명쾌하여 '1과 그 자신 이외에 양의 약수를 갖지 않는다'라는 소수의 정의만 알고 있으면 누구에게도 이해될 수 있다. 그것을 다음 페이지에 재현해 두겠으니 천천히 감상하기 바란다(유클리드 자신

〔증명〕

소수가 유한개밖에는 없다고 가정하여 그것들을 작은 순서로

$p_1, p_2, \cdots\cdots, p_n$으로 한다.

$$N = p_1 \cdot p_2 \cdot \cdots\cdots \cdot p_n + 1$$

을 생각하면 $N > p_i$, $(i=1, 2, \cdots\cdots, n)$

$N$은 소수 또는 합성수.

ⅰ) $N$이 소수이면 가정에 반하기 때문에 모순.
ⅱ) $N$이 합성수이면 소인수 $q$를 갖고

   $N = mq$로 된다

   $N$은 $p_i(i=1, 2, \cdots, n)$으로 나누면 1이 남는다.

   즉 $N$은 $p_i(i=1, 2, \cdots, n)$로는 나누어떨어지지 않는다.

   $\therefore \ q \neq p_i, \ (i=1, 2, \cdots, n)$

   모든 소수는 $p_i$의 어느 것인가였기 때문에 모순.

ⅰ) ⅱ)로부터 의하여 소수는 유한개로는 있을 수 없다.

Q. E. D.

(실례)  $n=5$일 때 $N_5 = 2 \cdot 3 \cdot 5 \cdot 7 \cdot 11 + 1 = 2311$은 소수.

$n=6$일 때 $N_6 = 2 \cdot 3 \cdot 5 \cdot 7 \cdot 11 \cdot 13 + 1 = 30031 = 59 \cdot 509$

인데, 59, 509는 모두 13보다 큰 소수.

**소수는 무한으로 많이 존재한다.**

은 단지 한 줄로 증명을 끝내고 있다고 하는데 여기서는 조금 친절하게 해설하고 있다).

이것으로 소수가 몇 개 있는가는 알았다. 요컨대 무한으로 많이 있는 것이다. 그러나 물론 합성수보다는 적은 것 같다. 그래서 다음으로 문제가 되는 것이 소수는 자연수 속에 어느 정도의 비율로 출현하는 것인가이다. 출현의 패턴까지 안다면 이보다 더 좋은 것은 없다. 요컨대 소수의 분포상황을 조사하고 싶은 것이다.

### 소수의 분포는 랜덤? 그렇지 않으면 규칙성이 있다?

그런데 이것이 대단한 골칫거리인 것이다. 62쪽에 보여 준 것은 소수표의 극히 일부에 지나지 않는다. 그러나 이들 수의 배열방법만으로부터도 소수 분포의 소위 '분열증적(分裂症的) 성격'의 일단은 알아챌 수 있다.

우선 근접해서 나타나는 소수부터 보면 예컨대 3과 5, 5와 7, 11과 13, ……처럼 연속해서 나오는 두 개의 소수——물론 연속이라고는 하지만 2 이외의 소수는 홀수이기 때문에 그 폭(두 개의 소수의 차)은 2가 된다——를 '쌍자소수(雙子素數)'라고 부른다. 쌍자소수의 쌍은 10억($10^9$) 이하의 수에 대해서는 1985년 현재 342만 4천5백6쌍의 존재가 알려져 있다.

한편 소수가 전혀 나타나지 않는 연속수의 열(列)을 좋아하는 수만큼 만드는 것도 간단히 할 수 있다.

예컨대 연속 합성수를 10개 배열하고 싶으면——소수표에서 찾아 봐도 되지만——다음과 같은 수열을 생각하면 소수표가 곁에 없어도 손쉽게 만들 수 있다.

$$11!+2,\ 11!+3,\ \cdots\cdots,\ 11!+11$$

다만 여기서 [!]이라는 기호는 예컨대 $n!$이면 1부터 $n$까지의 모든 자연수를 곱한 수를 나타내고 $n$의 '계승(階乘)'이라 부른다. 지금의 예에서는

$$11! = 1 \cdot 2 \cdot 3 \cdot 4 \cdot 5 \cdot 6 \cdot 7 \cdot 8 \cdot 9 \cdot 10 \cdot 11 \cdot = 39916800$$

그래서 앞에 보여준 10개의 연속합성수를 구체적으로 보여주면 이렇게 된다.

39916802, 39916803, ……, 39916811

그리고 이 경우 최초의 수는 적어도 2로 나누어떨어지고 두번째의 수는 3으로 나누어떨어지며, …… 이하 마찬가지로 10번째의 수는 11로 나누어떨어지기 때문에 10개 전부가 합성수가 된다는 것이다.

일반적으로 $n!$에 $n$ 이하의 $k$를 더한 수는

$$n! + k = k\{1 \cdot 2 \cdot \cdots \cdot (k-1) \cdot (k+1) \cdots \cdot n+1\}$$

으로 되어 $k$로 나누어떨어지기 때문에 합성수가 된다.

이 방법의 좋은 점은 연속 합성수를 몇 개라도 배열할 수 있다는 데에 있다. 1억 개가 되든, 1조 개가 되든 자유자재다. 소수표 안에서 그러한 실례를 찾는 것은 지극히 어려운 일일 것이다.

아무튼 결과적으로 말할 수 있는 것은 소수의 분포 방법이 근접해 있거나 몹시 떨어져 있거나 하여 정말 불규칙하다는 것이다.

그 대수학자 오일러조차 '소수표를 앞에 놓고는 할 만한 방법도 없고 소수의 분포는 《인류의 지력이 미치지 않는 신비》라고 생각하고 있었다'라고 듀돈네는 쓰고 있다. 또한 현대의 수론(數論)의 대가 돈 자기에도 '소수는 수학자의 연구대상 중에서 무엇보다도 제

멋대로의 것이다'라고 하여 다음과 같이 말하고 있다.

자연수 속에 잡초처럼 자라나고 그 자라나는 방법은 규칙이 없고 우연적이어서 다음에 어디에서 자라날지는 누구도 예측할 수 없으며 주어진 수가 소수인지 어떤지의 판정도 어렵다.

그러나 자기에는 이에 계속해서 소수의 분포에 대하여 주목할 만한 가치가 있는 것으로서 다음의 점도 아울러 지적하고 있다.

또 한가지는 이것과는 정반대의 것으로서 역시 당혹할 일이지만 소수의 분포가 매우 규칙성을 보여 준다는 것, 시종 꼼꼼하게 어떤 법칙에 따르고 있는 것이다.

자기에가 말하는 '어떤 법칙'이란 어떠한 것일까? 그것을 알려면 우선 소수표를 앞에 놓고 《인류의 지력이 미치지 않는 신비》의 베일을 벗기려고 한 15세의 소년의 이야기부터 시작하지 않으면 안 된다.

### 가우스 소년의 착상

1792년부터 다음해에 걸쳐서 겨우 15세의 한 소년이 당시 람베르트에 의해서 출판되어 있던 소수표를 앞에 놓고 소수 분포의 연구에 몰두하고 있었다. 소년의 이름은 칼 프리드리히 가우스(1777~1855). 훗날 "수학의 제왕"이라고 호칭된 독일의 대수학자이다.

$x$ 이하에 존재하는 소수의 개수를 수학자 란다우 이후의 관례에 따라서 $\pi(x)$라고 쓰기로 하자.

가우스 소년은 우선 자연수를 1000씩의 조로 나누고 소수표를 기초로 해서 픽각의 조에 포함되는 소수의 개수의 확인부터 시작하였다. 즉

| 2 | 79 | 191 | 311 | 439 | 577 | 709 | 857 |
|---|---|---|---|---|---|---|---|
| 3 | 83 | 193 | 131 | 443 | 587 | 719 | 859 |
| 5 | 89 | 197 | 317 | 449 | 593 | 727 | 863 |
| 7 | 97 | 199 | 331 | 457 | 599 | 733 | 877 |
| 11 | 101 | 211 | 337 | 461 | 601 | 739 | 881 |
| 13 | 103 | 223 | 347 | 463 | 607 | 743 | 883 |
| 17 | 107 | 227 | 349 | 467 | 613 | 751 | 887 |
| 19 | 109 | 229 | 353 | 479 | 617 | 757 | 907 |
| 23 | 113 | 233 | 359 | 487 | 619 | 761 | 911 |
| 29 | 127 | 239 | 367 | 491 | 631 | 769 | 919 |
| 31 | 131 | 241 | 373 | 499 | 641 | 773 | 929 |
| 37 | 137 | 251 | 379 | 503 | 643 | 787 | 937 |
| 41 | 139 | 257 | 383 | 509 | 647 | 797 | 941 |
| 43 | 149 | 263 | 389 | 521 | 653 | 809 | 947 |
| 47 | 151 | 269 | 397 | 523 | 659 | 811 | 953 |
| 53 | 157 | 271 | 401 | 541 | 661 | 821 | 967 |
| 59 | 163 | 277 | 409 | 547 | 673 | 823 | 971 |
| 61 | 167 | 281 | 419 | 557 | 677 | 827 | 977 |
| 67 | 173 | 283 | 421 | 563 | 683 | 829 | 983 |
| 71 | 179 | 293 | 431 | 569 | 691 | 839 | 991 |
| 73 | 181 | 307 | 433 | 571 | 701 | 853 | 997 |

소수표의 일부. 소수가 나타나는 방법(소수 분포)은 언뜻 보기에 불규칙 바로 그것인데 가만히 응시하면······.

$$\pi(1000),\ \pi(2000)-\pi(1000),\ \pi(3000)-\pi(2000),\ \cdots\cdots$$

등등을 구한 것이다.

 이 값은 완만하게 감소해 간다. 그런대로 우리들 범인(凡人)에게는 그 정도의 것밖에는 당장은 보이지 않으나 그 값의 변화를 가만히 바라보고 있던 가우스 소년은 엉뚱한 착상을 얻었다. 이 값이 $x$의 자연로그의 역수에 거의 비례해서 감소하고 있는 사실을 알아차린 것이다.

 이 착상을 기초로 해서 가우스 소년은 다음과 같은 예상을 세우고 있다.

$$\pi(x) \sim \int_2^x \frac{1}{\log t} dt \quad \cdots\cdots\cdots\cdots \text{①}$$

다만, 여기서 양변의 관계를 보여 주는 '∼'라는 물결기호는

$$f(x) \sim g(x) \iff \frac{f(x)}{g(x)} \longrightarrow 1\ (x \longrightarrow \infty)$$

으로 정의하고 '$f(x)$는 점근적(漸近的)으로 $g(x)$와 같다'라고 읽는다. 간단히 말하면 $x$가 무한으로 큰 곳에서는 양자의 값은 거의 같다고 하는 의미이다.

 가우스가 어떻게 해서 이 착상에 도달하였는지는 분명치 않다. 그러나 훗날 친구 앞으로 보낸 편지에서 가우스는 당시를 회상하여 '(소수분포에 대해서) 예비로 잡아 두었던 15분간을 활용해서 조사하고 있던 것이다. 그런데도 100만까지 가기 전에 마침내 그 작업을 집어치워 버렸다'라고 써서 남기고 있다.

 그래서 역으로 말하면 100만에 상당히 가까운 곳까지 1000씩 샘플을 취해서는 소수를 세어 이것과 식①의 우변의 값과를 비교 검토하고 있었을 것이다. 그 밖의 연구에 지장이 없도록 예비의 15

분간만을 활용해서!

그러나 그렇게 자신만만한 가우스도 매일 15분 정도의 할당된 시간으로는 식①을 증명할 수는 없었고 결국은 평생 그 예상을 공표할 수는 없었다. 우리들이 오늘날 알고 있는 사실(史實)은 가우스가 죽은 뒤에 발견된 그이의 써서 남긴 공식이나 수표의 기록에서 재현한 것에 지나지 않는다.

## 르장드르, 소수 정리에 다가서다

한편 프랑스의 수학자 르장드르(1752~1833)는 가우스와는 전혀 독립적으로 순수하게 경험적인 관찰에서 다음과 같은 근사(近似)공식을 발견하여 1798년에 발표하였다.

$$\pi(x) \fallingdotseq \frac{x}{\log x - 1.08366} \quad \cdots\cdots\cdots\cdots ②$$

기호 '≑'는 '거의 같다'라는 의미이다. 이 '공식'은 우리들의 물결 기호를 사용하면 이렇게 고쳐 쓸 수 있다.

$$\pi(x) \sim \frac{x}{\log x} \quad \cdots\cdots\cdots\cdots ③$$

이 뒤의 전개는 해석학의 지식을 사용하지 않으면 안되기 때문에 상세한 이야기는 생략하지만 실은 식 ③은 식 ①로부터도 유도할 수 있다.

그리고 식 ③이야말로 현대 수학의 최고봉인 초난문「리만 예상」을 낳는 모태(母胎)가 된「소수 예상」──오늘날에는「소수 정리」──바로 그것이다.

이 소수 예상은 소수처럼 띄엄띄엄 나타나는 것과 로그함수처럼 연속적으로 변화하는 것과의 긴밀한 결합을 주장하고 있는 점에서 매우 독특한 것으로 되어 있다. 더욱이 가우스와 르장드르라고 하

게오르그 F. B. 리만

는 독일과 프랑스를 대표하는 당대의 대수학자들조차 풀 수 없었던 것이기 때문에 다음 세대의 수학자들이 이 미해결 문제의 공략에 크게 투지를 불태웠을 것이라는 것은 상상하기 어렵지 않다.

독일의 초천재 수학자 게오르그 프리드리히 베른하르트 리만(1826~1866)도 그 한 사람이었다. 그리고 리만의 비전(vision)은 결과적으로 이 예상을 훨씬 초월하여 200년 앞의 미래를 향해 하늘을 난 것이다.

## 소수 정리는 초난문 「리만 예상」을 낳다

1859년 11월 리만은 베를린의 아카데미에 「주어진 크기 이하에 있는 소수의 개수에 대하여」라고 제목을 붙인 작은 논문을 보고하였다. 이 논문은 고작 8페이지 반 정도의 것이었으나 굉장히 충실한 내용을 갖고 있었다. 리만은 대부분 증명도 설명도 빼고도 놀랄 만큼 많은 결과를 이 소논문에 포함시키고 있었던 것이다.

착실하게 증명을 붙이고 있었다면 아마도 터무니없는 대논문으로 되어 있었을 것이다. 그러한 의미에서는 소논문이라기보다는 대논문의 개요(résumé)였다고 하는 편이 보다 적절할지도 모른다. 리만은 불과 40세의 젊은 나이에 요절해 버렸기 때문에 그이의 결과에 완전한 증명을 붙이는 것은 리만 이후의 허다한 수학자들의 작업으로 되었다.

그러나 아무리 해도 최후까지 증명되지 않은 채로 남겨진 예상이 있었다. 이것이 지금껏 미해결인 '리만 예상'인 것이다.

리만은 소수예상을 풀기 위해 우선 오일러의 잘 알려진 등식(等式)으로부터 접근하였다. 리만이 출발점으로 선택한 「오일러의 등식」이라는 것은 증명을 빼고 결과만을 말하면 다음과 같은 것이다.

$$\prod_p \left( \frac{1}{1-\frac{1}{p^s}} \right) = \sum_{n=1}^{\infty} \frac{1}{n^s}$$

다만 좌변의 $p$는 모든 소수를 망라하는 것이다.

간단하게 기호의 설명만 해 둔다. 우선 좌변 $\prod$(파이)는 product(곱하기)의 머리문자인 $p$에 해당하는 그리스문자로서 좌변은 모든 소수 $p$에 대해서 괄호내의 수를 곱한 것을 의미하고 있다. 소수의 수는 무한이기 때문에 그 곱도 당연히 무한곱이다.

우변의 $\sum$(시그마)는 잘 아는 바와 같이 덧셈의 기호로 sum(더하기)의 머리문자인 $S$에 해당하는 그리스문자이다. 다만 $n$이 1에서 $\infty$까지로 되어 있기 때문에 이쪽도 무한급수(級數)이다. 일단 $\prod$나 $\sum$을 제외시킨 형태로 고쳐 써 두자.

$$\frac{1}{\left(1-\frac{1}{p_1^s}\right)} \cdot \frac{1}{\left(1-\frac{1}{p_2^s}\right)} \cdot \ldots \cdot \frac{1}{\left(1-\frac{1}{p_n^s}\right)} \ldots$$

$$= \frac{1}{1} + \frac{1}{2^s} + \cdots + \frac{1}{n^s} + \cdots$$

(알아차린 사람도 많으리라 생각하는 데 이 등식은 '소인수분해의 일의성'의 해석적인 표현으로 되어 있다.)

그런데 이 등식의 우변을 $s$의 함수로 보고 이것을 '지타 함수'라 불러 $\zeta(s)$로 쓰기로 한다. $s$가 실수의 경우에는 오일러의 훌륭한 연구가 수많이 남겨져 있었으나 리만은 이 $s$를 복소수로 생각하기로 하였다.

복소수에 대해서는 지금은 상세하게 언급하지 않는다. 다만 리만의 시대는 복소수를 변수로 한 복소함수론의 대발전기였기 때문에 그이 자신이 본질적인 기여를 한, 이 언제나 자기 뜻대로 되는 새로운 분야에 리만이 소수 예상의 문제를 갖고 들어 오려고 한 것만은 틀림없다.

리만 예상이란 개략적으로 말하면 '이 지타함수의 영점(零點) 즉 $\zeta(s)=0$으로 되는 점은 s=-2, -4, -6, -8, ……에 있는 외에는 모두 복소수 s의 실수 부분이 항상 $\frac{1}{2}$이 되는 점일 것이다'라는 예상이다.

거의 무엇을 말하고 있는지 모를 것이다. 어디가 어떻게 어려운지도 판단에 고심하는 부분일 것이다. 그러나 여기서는 너무 트리비얼(trivial)한 비유로 안 것 같은 기분이 되는 것은 그만두기로 하라. 이 리만 예상의 "아름다움"을 맛볼 수 있게 될 때까지는 상당한 인내가 필요한 것이기 때문에——.

그것은 별개로 하더라도 이 '예상'의 어디가 앞에서 보여 준 식 ③의 소수정리와 관계하고 있는가라고 의문을 가진 사람도 많을 것이다. 이것도 약간 까다로운 이야기가 되나 개략적으로 말하면 가령 리만 예상이 올바르다고 하면 ③의 성립도 증명할 수 있다는 것을 알고 있는 것이다. 조금더 상세히 말하면 어떠한 양의 상수 $\varepsilon$에 대해서도

$$\frac{\pi(x)-\int_2^x \frac{1}{\log t}dt}{x^{\frac{1}{2}+\varepsilon}} \longrightarrow 0 \ (x \to \infty)$$

를 보여 주고 있다는 것이다.

그러나 리만 예상은 현재도 미해결이기 때문에 이것으로는 소수 정리의 증명으로는 되지 않는다. 결국 리만이 지향하고 있던 당면의 목표는 달성되지 않고 끝나버린 것이다.

소수 정리 그 자체는 리만의 죽음으로부터 30년 후인 1896년에 프랑스의 아다마르와 벨지움의 도 라 봐레 프산에 의해서 독립적으로 증명되었다. 물론 리만 예상은 사용되고 있지 않으나 리만이 개척한 해석적 방법을 구사한 성과였다.

그 뒤의 소수 정리를 둘러싼 화제를 두, 서넛 골라내면 복소함수론을 사용하지 않는 초등적 증명은 훨씬 늦어져서 1949년에 겨우, 필즈 메달리스트인 셀버그와 '방랑하는 수론가' 에르데스의 두 사람에 의해서 독립적으로 이룩되었다. 그 밖의 세세한 오차의 평가는 상당한 부분까지 진척되고 있다는 것이 현상황이다.

다소 여담이 되나 최근 나온 아키야마 진(秋山仁), 도카이(東海) 대학교수의 책을 읽었더니 '방랑하는 수론가' 폴 에르데스에 관해서 아주 흥미있는 기술이 있었다. 혼자 독차지하기에는 너무 재미있기 때문에 그이의 프로필 부분을 일부 인용한다. 덧붙여 말하면 아키야마 교수는 국제수학올림픽에 처음 참가한 일본팀의 단장을 역임한 행동파의 수학자이다.

그이(에르데스)는 집도 재산도 처자도 없이 또한 일정한 직업도 없이 지구상을 대학에서 대학으로 유랑하면서 연구를 계속하고 있다. 같은 장소에 2개월 이상은 머무르지 않고 작은 가방 하나를 들고 샌들을 신은 모습으로 이번주는 뉴욕, 다음주는 런던, 다음은 캘커타, 그리고 멜본……으로 마음내키는 대로 세계각지를 뛰어다니는 것이다. 그 작은 가방 속에는 굉장히 많은 종류의 영양제가 들어 있고 그것을 아침, 점심, 저녁으로 늘 복용하고 하루에 3시간 정도밖에는 잠을 자지 않았다는 것이 한결같은 소문이다.

수학자에는 아무튼 괴짜가 많은 것이나 이 에르데스 등은 "국제 괴짜올림픽"의 금메달리스트 후보라고나 할까.

한편 지타 함수와 리만 예상에 대해서도 전혀 진보가 없는 것은 아니다. 예컨대 지타 함수에 대해서는 매우 흥미있는 발견이 바로 최근이라고도 할 수 있는 1978년에 이루어졌다. 이 발견에 얽힌 재미있는 에피소드를 판 데르 풀텐이라는 수학자가 보고하고 있기 때문에 그것을 간단히 소개해 둔다.

### 말주변이 없는 아페리의 '믿기 어려운 증명'

앞에서 말한 것처럼 오일러는 지타 함수를 실수값 함수로 보고 특히 $x$가 정수값을 취할 때의 $\zeta(x)$의 값에 대해서 상세히 연구하였다. 그 결과 $x$가 짝수일 때에는 $\zeta(x)$가 $\pi^n$의 유리수배(倍)―― 따라서 $\zeta(x)$의 값 그 자체는 무리수――가 된다는 눈부신 발견을 하고 있다. 예컨대 이러한 상태이다.

$$\zeta(2)=\frac{\pi^2}{2\cdot 3},\ \zeta(4)=\frac{\pi^4}{2\cdot 3^2\cdot 5},\ \zeta(6)=\frac{\pi^6}{3^3\cdot 5\cdot 7},$$
$$\zeta(8)=\frac{\pi^8}{2\cdot 3^3\cdot 5^3\cdot 7}$$

그러나 $x$가 홀수의 경우에 대해서는 아무 성과도 얻을 수 없었다. 오일러의 뒤를 이어받은 수학자로서도 마찬가지로 $x$가 홀수일 때의 $\zeta(x)$의 값을 구하는 것은 거의 절망적으로 간주되고 있었다.

그런데 1978년 6월의 일이다. 프랑스의 벽촌에 사는 무명의 수학자 아페리가 마르세이유의 학회에서 「$\zeta(3)$이 무리수인 것」이라고 제목을 붙인 강연을 행한 것이다. 회장에는 떠들석한 소리가 일어났다. 그때의 상황을 풀텐은 약간 흥분하여 이렇게 보고 하고 있다.

누구나가 의심스럽게 생각했다. 그 강연은 이 불신(不信)의 생각을 오히려 강화시키는 형태의 것이었다. 보통으로 듣고 있는 사람, 또는 프랑스어 사투리에 골치를 앓고 있었던 사람으로서는 그것은 단지 미덥지 못한 주장의 나열과 같이 들렸다.

암만해도 아페리는 결코 말솜씨가 있다고는 말할 수 없는 사람 같다. 그러나 그 결과 자체는 옳았다는 것이 코엔이나 자기에 등의 대수학자들에 의해 확인되어 떠들석한 것도 일단은 낙착된 것 같다. 그런데도 아직 흥분이 가라앉지 않은 풀텐은 그 보고를 다음과 같은 말로 맺고 있다.

(아페리의 믿기 어려운 증명은) 나로서는 설명보다는 오히려 신비화를 형성하는 것으로 생각되었다. 무엇보다도 놀라운 것은 아페리의 증명에는 200년 전의 수학자라도 할 수 있었다라고 생각되는 것밖에 포함되어 있지 않다는 것이다.

이와 관련해서 3 이외의 홀수일 때의 지타 함수의 값 $\zeta(5)$, $\zeta(7)$, …… 등등이 무리수인지 아닌지에 대해서는 아직도 아무것도 모르고 있다.

리만 예상에 대해서도 당연하지만 여러 가지 진보가 있는 것인데 어느 것도 상당히 전문적인 이야기가 되어 이 책의 범위를 넘어서기 때문에 여기서는 깊이 들어가지 않겠다.

# 4. 가지가지의 수를 둘러싼 수수께끼

1. 우애수(友愛數)와 혼약수(婚約數)

역경에 있을 때나 침울했을 때만큼 참된 친구의 고마움을 절실하게 느끼는 때는 없다. 무심코 한 격려의 말이나 거기에 친구가 존재하고 있다는 것만으로 크게 용기를 얻어 재기(再起)하는 계기가 되는 일도 있다.

더구나 이러한 친구 관계라는 것은 결코 일방적인 것은 아니다. 서로 좋은 영향을 주고 받는 것이다. 서로 존경하고 상대방 속에서 자신에게는 없는 그리고 자신이 바라마지 않는 어떤 종류의 "완전성"을 발견하는 것이야말로 참된 친구관계를 성립시키는 필수조건이라고 말할 수 있을지 모른다.

### 우애수란 무엇인가?

자연수라도 서로 상대방 속에 스스로의 "완전성"을 반영하고 있는 두 개의 수는 '우애수'라 부르고 있다. ('친화수'라 부르는 경우도 있다.)

즉 정확히 표현한다면 '두 개의 자연수 $a, b$가 있고 다음의 두 개의 조건,

(A) $a$의 $a$ 자신을 제외한 약수(約數)의 합은 $b$와 같다.
(B) $b$의 $b$ 자신을 제외한 약수의 합은 $a$와 같다.

를 동시에 충족시키고 있을 때 두 수 $a, b$는 우애수이다'라고 정의하는 것이다.

여기서는 구체적인 예로 이야기를 진행시키는 편이 이해하기 쉬울 것이다. 최소의 우애수는 220과 284의 조이다. 실제 이들 두 개의 수를 인수분해하여 약수의 합을 만들면 다음과 같이 돼서 서로 상대방의 수와 같게 된다[$a$의 그 자신을 제외한 약수의 합을 간단하게 하기 위해 $s(a)$로 적기로 한다].

$220 = 2^2 \cdot 5 \cdot 11$이니까
$s(220) = 1+2+2^2+5+11+2 \cdot 5+2^2 \cdot 5+2 \cdot 11+2^2 \cdot 11$
$\qquad +5 \cdot 11+2 \cdot 5 \cdot 11 = 284$
$284 = 2^2 \cdot 71$이니까
$s(284) = 1+2+2^2+71+2 \cdot 71 = 220$

우애수(220, 284)는 피타고라스의 시대부터 알려져 있었다. 요리나가 마사다카(賴永正孝), 히로시마대학 교수에 따르면 이들의 수는 성서에도 나온다고 하여 바로 조사해 보았더니 있었다, 있었다.

### 우애수는 성서에도

먼저 220 쪽은 '레비 사람에게 봉사하도록 다비데와 고관들이 정한 신전(神殿)의 사용인 중에서도 220인의 사용인을 데리고 왔

다'(에즈라기 8·20). 284쪽은 '성스러운 시내에 있는 레비 사람의 합계는 284인이었다'(네레미야기 11·18).

한 쪽씩밖에 사용되고 있지 않은 것은 이들의 수가 한 개만으로 우애의 심볼로써 당시의 사람들 사이에서 널리 알려져 있었기 때문일 것이다.

220은 창세기(創世記)에도 등장한다. 예컨대 야콥은 형 에사우를 위로하기 위해 우애의 표시로서 자기의 가축을 보내는데 그 수는 염소, 양 공히 220마리씩이었다. 사실은 성서라고 하는 책은 읽을거리로서도 참으로 흥미있고——조심성 없는 표현방법이라 죄송하나——불가사의한 수가 뻥뻥 튀어 나온다. 그것은 구약성서에 한정되지 않고 신약성서에서도 그러한 것이다.

일례를 들면 요한에 의한 복음서에 예수가 제자들과 고기잡이 나간 이야기가 있는데 그물에 걸린 물고기의 수는 153마리였다는 기재가 있다(21·11).

153이란 어디가 불가사의한지 바로 알 수는 없다. 그러나 다음과 같이 고쳐서 써 보면 무심코 아~ 소리를 내게 된다.

$$153 = 1+2+3+4+5+6+7+9+10+11+12+13+14+15+16+17$$

결국 성서에 등장하는 숫자에는 모두 무언가의 상징적인 의미가 담겨져 있는 것이다. 그러한 관점에서 고쳐 읽어 보면 정말 싫증이 나지 않는다. 그러나 이야기를 우애수로 되돌린다.

### 커다란 공백기간 뒤에

고대인은 이만큼 우애수에 관심을 갖고 있었음에도 불구하고 두 개째의 우애수가 발견된 것은 1636년의 일이었다. 페르마가

(17296, 18416)의 조를 발견한 것이다.

다만 이것은 공식적인 기록이다. 후술하는 것처럼 더 작은 우애수에도 실제로는 있는 것이기 때문에 그것들이 성서나 고문헌 속에 언뜻 보아 아무렇지도 않은 형태로 상용되고 있지 않은지 어떤지를 조사해 보는 것도 재미있을지 모른다.

그 뒤 오일러는 페르마의 예보다도 더 작은 것을 포함하여 합계 60조의 우애수를 확인하고 있다. 그 중에서 최소의 조는 (2620, 2924)였다. 대수학자 오일러가 조사한 것이니까 (220, 284)와 이 조와의 사이에 별개의 우애수가 있을 것이라고는 대부분의 수학자는 설마 하고 생각해 보지도 않았다. 어른으로서는 그것이 상식적인 판단이라고 말할 수 있을 것이다.

그런데 그것이 있었던 것이다. 1866년 16세의 소년 파가니니는 다음의 사실을 보여주었다.

$1184 = 2^5 \cdot 37$이니까

$s(1184) = 1 + 2 + 2^2 + 2^3 + 2^4 + 2^5 + 37 + 2 \cdot 37 + 2^2 \cdot 37$
$\qquad\qquad + 2^3 \cdot 37 + 2^4 \cdot 37 = 1210$

$1210 = 2 \cdot 5 \cdot 11^2$이니까

$s(1210) = 1 + 2 + 5 + 11 + 11^2 + 2 \cdot 5 + 2 \cdot 11 + 5 \cdot 11$
$\qquad\qquad + 2 \cdot 5 \cdot 11 + 2 \cdot 11^2 + 5 \cdot 11^2 = 1184$

즉 (1184, 1210)이야말로 (220, 284)의 다음으로 큰 우애수였다는 것이 증명된 셈이다.

### 소년 소녀의 힘 무서워해야 한다.

이러한 것은 다른 학문 분야에서는 우선 생각할 수 없거나 있다 하더라도 극히 드문 사건이라 말하지 않을 수 없으나 수학에서는

I. 풀린 문제, 풀리지 않는 문제  75

남자(홀수)와 여자(짝수)의 사이에 우정(우애수의 조)은 없는 것인가?

때로는 일어나는 일이 있다. 예컨대 앞에 소개한 메르센느 수에 대해서도 소년들에 의한 같은 발견이 있었다.

조금 오래된 이야기가 되지만 1971년에 24번째의 메르센느 수가 발견되었을 때 그것이 당시 세계에서 최고 속도의 슈퍼컴퓨터를 장시간 사용해서 간신히 얻어진 결과였던 만큼 이것 이상 큰 메르센느 수의 발견은 거의 불가능하거나 가능하다 해도 컴퓨터의 진보를 기다리지 않으면 도저히 무리일 것이라고 생각되고 있었다. 적어도 어른들은 그렇게 생각한 것이다.

그런데 그로부터 7년 후인 1978년 당시 18세의 고교생에 불과했던 소년 놀 군과 소녀 니켈 양이 공동으로 25번째의 메르센느 수를 발견해 버린 것이다. 소년 소녀의 힘 무서워해야 한다, 라고나 할까.

### 아직도 남은 우애수의 수수께끼

그런데 우애수는 현재까지 1000조 이상이 발견되고 그 중 최대의 것은 152자릿수로 되어 있다. 그러나 우애수가 무한개 존재하는지 어떤지에 대해서는 아직 아무것도 모르고 있다.

게다가 흥미있는 것은 현재까지 발견된 우애수는 모두 짝수끼리 또는 홀수끼리의 조로 되어 있고 더구나 가령 홀수끼리도 공통의 약수를 갖고 있다.

비유를 해보면 여성끼리, 남성끼리의 우애관계뿐이고 "남녀간의 우정"이 성립한 사례는 아직도 발견되어 있지 않다는 것이다. 더구나 "친구"끼리의 사이에는 무언가의 공통점이 발견된다고 하는 것이니까 파고들어 본다면 어딘가 인간사회를 반영하고 있는 것 같은 생각을 금할 수 없다.

아무튼 우애수로서 짝수와 홀수의 조는 존재하는가, 또는 홀수끼리라도 서로 소수인 우애수의 조는 존재하는가——이들 문제는 아직도 미해결의 상태로 머무르고 있는 것이 현상황이다.

### 혼약수란 무엇인가?

우애수와 짝(對)을 이루는 것으로서 '혼약수'가 있다. 그 정의를 먼저 말하면 이러하다.

두 개의 자연수 $a, b$가 있고 다음의 두 가지 조건,
(A) $a$의 $a$자신과 1과를 제외한 양의 약수의 합은 $b$와 같다.
(B) $b$의 $b$자신과 1과를 제외한 양의 약수의 합은 $a$와 같다.
을 동시에 충족하고 있을 때 두 수 $a, b$를 혼약수라 부른다.

우애수와의 차이는 합을 취할 때에 1을 제외한 점뿐이다. 이것은 비유를 해서 말하면 1개인이라는 자아(自我)를 버리고(나를 잊고)

I. 풀린 문제, 풀리지 않는 문제 77

'자연수는 신이 창조해 주신거다(크로네커). 그래서 혼약(수)은 이 성간(홀수와 짝수)에밖에는 성립하지 않는 것인가……?

상대방에 몰입(沒入)한 상태를 나타내고 있는 것이다. 사랑은 아낌없이 뺏는다. 혼약(약혼)관계에 들어가는 것도 보통 일이 아니다.

1을 제외한 것뿐이라고 말하면 우애에서 한걸음 진보한 것뿐으로 생각될는지 모르나 우애수와 혼약수와는 전혀 별개의 것으로 되어 버린다. 놀랄 만하다.

구체적인 예로서 보자. 간단한 예로서는 (48, 75)가 다음에 보여주는 것처럼 혼약수가 된다. 다만 $s(a)$는 우애수 때와 마찬가지 기호이다.

$48 = 2^4 \cdot 3$이니까

$s(48) - 1 = 2 + 2^2 + 2^3 + 2^4 + 3 + 2 \cdot 3 + 2^2 \cdot 3 + 2^3 \cdot 3 = 75$

$75 = 3 \cdot 5^2$이니까

$s(75) - 1 = 3 + 5 + 5^2 + 3 \cdot 5 = 48$

기타 간단한 예로서는 (140, 195), (1575, 1648), (1050, 1925), (2024, 2295) 등이 혼약수가 된다. 어떤 것이든 하나 실제로 계산해 보기 바란다.

### 자연수는 심오(深奧)하다

여기서 주목해야 할 것은 이들 수가 모두 짝수와 홀수와의 조합으로 되어 있다는 점이다. 짝수끼리 또는 홀수끼리의 조로 혼약수가 되는 사례는 지금까지는 하나도 발견되어 있지 않다. 왜 그런 것일까.

여성끼리, 남성끼리의 혼약으로는 동성애가 되어 버리기 때문이라고 말하면 그만이지만 이것으로는 논리가 본말전도(本末顚倒)이다. 비유담은 이 정도로 해 두겠으나 어쩐지 의미심장한 수리현상이라고는 생각하지 않는지.

순수하게 수학적으로 생각해도 이렇게 단순한 문제가 아직 풀리지 않고 있다는 것은 굉장히 흥미있는 일이다. 역으로 말하면 그 겉보기에 단순한 것 같음에도 불구하고 자연수를 둘러싼 수수께끼는 실로 심오하다고 할 것이다.

특히 이러한 곱셈과 덧셈의 쌍방이 얽힌 문제는 경우에 따라서는 손을 댈 수 없을 만큼 난해하다. 그 전형적인 실례를 다음에 유명한 「골드바하의 예상」에 대해서 보아 가기로 하자.

## 2. 골드바하의 예상과 쌍자소수의 수수께끼

### '예상'은 간단하고 옳은 것 같으나……

오늘날 골드바하의 예상이라고 하면 「2보다 큰 모든 짝수는 2개의 소수의 합이다」라는 명제를 가리킨다.

조금 더 상세히 말하면 소수로서 짝수가 되는 것은 2밖에 없기 때문에 4=2+2가 짝소수의 합으로 되는 유일한 예외이고 6 이상 짝수는 모두 2개의 홀소수의 합이 될 것이라는 것이 이 예상의 주장이다.

6, 8, 10, ……로 생각해 가면

$$6=3+3,\ 8=3+5,\ 10=5+5$$
$$12=5+7,\ 14=7+7,\ 16=5+11\cdots$$

로 되어 있기 때문에 확실히 이 예상은 옳은 것같이 생각된다. 그러나 큰 수가 되어 감에 따라서 더해서 그 수가 되는 두 개의 홀소수를 방침없이 어림짐작으로 찾는 것은 매우 곤란하게 되어 있다.

예컨대 1000 미만의 짝수라 해도 500이라든가 998을 예로 들어 생각해 보면 좋을 것이다. (답은 500=67+433, 998=499+499가 된다)

골드바하의 예상이 이러한 세련된 형태로 정착한 것은 그다지 오래된 이야기는 아니고 고작 금세기 후반의 일에 불과하다. 이 문제 자체는 250년이나 전부터 알려져 있었던 셈이나 처음에는 조금 더 혼란된 형태로 제출된 것 같다.

### '예상'은 오일러와의 편지왕래에서

이 역사적인 미해결 문제에 그 이름을 붙인 골드바하라는 사람은 1690년에 동프러시아의 학문도시 쾨니히스부르크에서 태어난 지식인이다. 전문인 법률학 외에 수학을 잘했고 음악이나 시, 운문, 어학의 재능도 타고났다고 한다.

그이는 나이가 17년 아래인 대수학자 오일러와 편지 왕래를 하여 1742년에서 1763년까지의 20년 동안에 교환된 145통의 왕복 서한이 남겨져 있다.

골드바하의 예상이 처음 등장하는 것은 1742년 6월 7일자의 오일러 앞으로 보낸 편지 안에서이다.

골드바하는 거기서 '2보다 큰 모든 정수(整數)는 3개의 소수의 합이다'라는 것을 예상하고 '증명은 할 수 없고 가령 미래에 허위라는 것을 알게 된다 하더라도 새로운 발견의 기초가 될 수 있을지도 모르기 때문에 유용(有用)하다고 생각한다'라고 덧붙여 써넣고 있다.

이 예상에 정통한 가네미쓰 시게루(金光 滋), 큐슈대학 교수에 따르면 골드바하는 훨씬 이전에도 마찬가지의 예상을 오일러 앞으로 보낸 편지에 적고 있고 위의 편지에 대한 7월 30일자의 회신 속에서 오일러가 그것을 지적하고 있다라든가. 이 예상은 일시적인 기분으로 착상된 것은 아니고 골드바하가 아마 그 무렵 언제나 머리 속에서 간직하고 있던 문제였을 것이다.

결국 그이의 예상을 정리하면

Ⅰ 2보다 큰 모든 짝수는 2개의 소수의 합이다.
Ⅱ 7보다 큰 홀수는 모두 3개의 홀소수의 합이다.
Ⅲ 5보다 큰 정수는 모두 3개의 소수의 합이다.

의 세 가지가 된다. 이 중 Ⅰ과 Ⅲ은 같은 값이고 Ⅱ는 Ⅰ 또는 Ⅲ에서 유도될 수 있기 때문에 더 약한 예상으로 되어 있다.

### '예상'은 어디까지 풀렸는가?

Ⅱ는 1956년까지에 $3^{3^{15}}$ 즉 3을 14348907개 곱한 수——굉장한 숫자로 된다——보다 큰 수에 대해서는 옳다는 것이 보여지고 기본적으로는 해결을 보았다고 한다. 그러나 Ⅲ 또는 Ⅰ은 많은 수

Ⅰ. 풀린 문제, 풀리지 않는 문제  81

언뜻 보기에 관계가 없는데……

학자의 노력에도 불구하고 현재도 미해결이다.

다만 '거의 모든' 짝수에 대해서는 Ⅰ과 Ⅲ은 옳다는 것을 보여주고 있다. Ⅱ부의 마지막에서 언급하는 것처럼 페르마의 문제와 조금 상황이 닮고 있는 것이다.

물론 '거의 모든' 경우에 옳다고 해서 '모든' 경우에 옳다고는 단언할 수 없다. 일상생활에 있어서는 '거의 모두'가 잘 되고 있으면 '만사순조'가 되나 엄밀성이 생명인 수학에서는 그렇게도 되지 않는 것으로서 '거의'라는 말을 제거시킬 수 있는지 없는지가 큰 문제인 것이다.

역시 가네미쓰 교수의 이야기인데 독일의 수학자 란다우는 이건에 관해서 다음과 같이 말하고 있다고 한다.

> 짝수 전체의 고작 0%에 대해서만 골드바하의 예상은 허위이다. 그러나 이 고작 0%는 물론 무한으로 많은 예외가 있을 수 있는 가능성을 제외하는 것은 아니다.

그렇다. 확실히 '거의 모두'가 만사 순조롭게 진행되고 있어도 단지 하나의 반례(反例)로 평화로운 가정이 허무하게 붕괴되는 일도 있을 수 있다. '고작 0%'의 가능성이라도 아무렇게나 여길 수 없는 것이다.

그런데 골드바하의 예상은 그것만으로 고립된 문제는 아니고 언뜻 보기에 전혀 관계없는 것으로 생각되는 쌍자소수의 문제와 밑바탕에서 깊이 연관되어 있는 사실이 현재는 판명되고 있다. 더구나 양자를 결부시키는 요소로 되어 있는 것이 그 리만 예상이다라고 하니 견딜 수 없는 것이다. 융 심리학풍으로 말하면 소수가 갖는 '집합적 무의식'이 이와 같은 불가사의한 '공시성(共時性)'을 출현시키고 있다, 라는 것이라도 되는 것일까.

### 쌍자소수는 무한으로 있다?

쌍자소수란 연속 홀소수를 말한다. 소수표에서 보면 (3, 5), (5, 7), (11, 13), (17, 19), (29, 31), (41, 43), (59, 61), (71, 73), (101, 103), (107, 109), (137, 139), …… 등등 얼마든지 발견된다.

그래서 문제는 '쌍자소수는 무한으로 많이 존재하는가?'라는 것이되나 실은 이 문제도 미해결인 것이다.

소수 그 자체가 무한으로 존재한다는 것은 우리들도 이미 증명을 끝냈다(58쪽 참조). 오일러는 소수의 역수의 합을 계산한다는 교묘한 기법을 사용해서 소수의 무한성에 대한 별개의 증명을 부여했다. 즉 모든 소수의 역수의 합이 무한대로 되는 것을 보여 준 것이다.

그런데 쌍자소수에 대해서 마찬가지의 계산을 행하면 어쩐지 유한의 값으로 되어 버린다. 이러한 것이 곧 쌍자소수의 유한성을 보여 주는 것은 물론 아니다. 그러나 가령 무한개 있었다 해도 앞으로 감에 따라서 그 수가 매우 적게 되어 갈 것이라는 것만은 분명히 말할 수 있다. 구체적으로는 10만까지에는 1224개의 쌍자소수가 존재한다는 것을 그레이셔가 보여주고 이어서 하디와 리틀우드가 60만까지에는 5328개밖에 없다는 것을 증명하였다. 현재는 컴퓨터에 의해서 4000만까지의 쌍자소수의 개수가 확인되어 있다. 현시점에서 발견되어 있는 최대의 쌍자소수는

$$1159142985 \times 2^{2304} \pm 1$$

의 두 개라고 한다(아트킨과 리케르트). 이 수는 자릿수로 따지면 723자릿수의 거대한 수가 된다.

이 뒤의 이야기는 터무니없이 어렵게 되기 때문에 도저히 여기서는 적을 수 없다. 리만 예상을 가정한 다음의 수치평가로 $x$ 이하의 쌍자소수의 개수와, $x$ 이하의 짝수로 2개의 홀소수의 합으로는 될 수 없는 것의 개수가 같은 방법으로 취급될 수 있다는 것을 알았다라고만 언급해 둔다.

덧붙여 말하면 만일 리만 예상이 잘못이라면 쌍자소수는 무한으로 많이 존재한다는 것이 증명되어 있다. 그러나 리만 예상이 옳을 때에 쌍자 소수의 개수가 유한개인지 무한개인지는 아직 모르고 있다.


## 3. 페르마 수는 소수인가?

### 페르마 수란 무엇인가?

앞에서 말한 메르센느 수와 비슷한 형태를 하고 있고 동시에 마

찬가지로 소수의 판정이 어려운 것으로 '페르마 수'가 있다. 즉 페르마형의 수 $F_n$이란

$$F_n = 2^{2^n} + 1 \ (n \geq 0)$$

을 말한다. $n$이 0, 1, 2 때에 $F_n$이 소수가 되는 것은 쉽게 알 수 있다.

$$F_0 = 2^{2^0} + 1 = 2^1 + 1 = 3$$
$$F_1 = 2^{2^1} + 1 = 2^2 + 1 = 4 + 1 = 5$$
$$F_2 = 2^{2^2} + 1 = 2^4 + 1 = 16 + 1 = 17$$

계산은 더 복잡하나 $n$이 3과 4일 때에도 $F_n$은 소수가 된다.

$$F_3 = 2^{2^3} + 1 = 2^8 + 1 = 257$$
$$F_4 = 2^{2^4} + 1 = 2^{16} + 1 = 65537$$

이와 같은 예를 보고 페르마는 모든 $n$에 대해서 $F_n$은 소수가 되는 것이 아닌가라고 예상하였다. 1654년 8월 29일자의 파스칼 앞으로 보내는 편지에서 페르마는 다음과 같이 쓰고 있다.

나는 이 수가 소수라는 것을 확신하고 있습니다. 그러나 그 증명은 어렵고 나는 아직 그 증명을 마무리 짓고 있지 못함을 고백하지 않으면 안됩니다. 내가 만일 완성하였다면 당신에게 이것을 증명해 달라는 등의 제안을 하거나 하지는 않겠지요.

여기서부터 소수가 되는 $F_n$을 '페르마 수'라 부르게 되었다. 페르마 자신은 그이가 말하는 '확신'이 지나치게 강했던 탓인지 그 뒤에도 여섯번째의 $F_5$가 소수로 되는지 아닌지를 확인해 보려고 한 것 같지는 않다. 페르마의 위력에 압도되어 있었기 때문인지 동시대의

수학자도 $F_5$가 소수라는 것을 의심하는 일없이 10년, 20년이 지나 이윽고 78년의 세월이 흘렀다.

### '페르마의 소정리'와 수학올림픽

그런데 페르마가 $F_n$을 생각하게 된 것은 소위 '페르마의 소정리(小定理)'의 발견이 계기였다고 일컬어지고 있다. 페르마의 소정리란 다음과 같은 것이다.

「$p$가 소수이고 $a$가 $p$로 나누어떨어지지 않을 때 $a^{p-1}-1$은 $p$로 나누어 떨어진다.」

이것은 정수론(整數論)에서는 매우 편리한 정리로서 초등적인 문제를 푸는 데에도 빈번하게 사용되고 귀중한 보물로 여겨지고 있다. 특히 국제수학올림픽에서는 주역격(主役格)으로 받아들여지고 있다.

1990년에 개최된 북경(北京)대회에서도 이 정리를 알고 있지 않으면 우선 풀리지 않는 문제가 하나 출제되었다. 루마니아가 출제한 다음과 같은 문제이다.

「$\dfrac{2^n+1}{n^2}$이 정수가 되는 1보다 큰 정수 $n$을 모두 결정하라.」

답이 '$n=3$'만이 되는 것은 간단한 시찰(視察)로 곧 간파되나 정확히 증명하려고 생각하면 어지간히 큰 일이다.

이 대회에는 일본인 선수단이 처음 참가해서 금메달은 놓쳤으나 은메달 2개와 동메달 1개를 획득해서 화제가 되었다. 초전(初戰)으로서는 확실히 좋은 성과이다. 그러나 적어도 이 문제에 관해서는 만점을 받은 것은 0명. 참으로 쓸쓸할 뿐이었다.

일본의 학교에서는 초등 기하(유클리드 기하)뿐만 아니고 초등 정수론조차 착실하게 가르치고 있지 않기 때문에 고등학생의 선수들이 이 방면의 문제에 익숙하지 않았다는 것이 최대의 패인(敗因)이었다고 말할 수 있을 것이다. 만일 페르마의 소정리에 대한 것을 알고 있어 이 문제에서도 점수를 땄다면 어쩌면 금메달 1개나 2개는 획득하고 있었을지도 모른다고 생각하면 정말 유감천만이다.

### 오일러, 반례(反例)를 발견하다

그런데 이 페르마의 소정리를 잘 사용하면 $F_n$이 만일 소인수(소수의 약수)를 갖는다면 그 수는

$$2^{n+1} \cdot k + 1 \quad (k=1, 2, 3 \cdots\cdots) \quad \cdots\cdots ①$$

이라는 형태를 하고 있지 않으면 안된다는 것을 보여 줄 수 있다 (오일러, 1747년). 그래서 이야기를 $F_5$로 되돌린다.

$F_5$는 구체적으로는

$$F_5 = 2^{2^5} + 1 = 2^{32} + 1 = 4294967297$$

이라는 10자리의 수이다. 이것을 일방적으로 소수라고 단정하지 않고 가령 합성수라고 하면 어떠한 소인수를 갖는가를 생각해 보자.

그러면 방금 언급한 것에서 $F_5$의 약수로 될 수 있는 소수는 식 ①에 $n=5$, $k=1, 2, 3, \cdots\cdots$ 을 대입하여 그 속에서 소수가 되는 것을 선택하면 되고 계산하여 가면 다음과 같은 수가 소인수의 후보로서 부상한다.

$$2^6 \cdot 3 + 1 = 193, \quad 2^6 \cdot 4 + 1 = 257, \quad 2^6 \cdot 7 + 1 = 449,$$
$$2^6 \cdot 9 + 1 = 577, \quad 2^6 \cdot 10 + 1 = 641, \cdots\cdots$$

그래서 번거로움을 마다하지 않고 이들의 수로 정말 $F_5$가 나누어떨어지는지 어떤지를 조사해 가는 것이다. 처음은 전연 불가능하다. 역시 헛된 노력이라고 생각하면서 그래도 체념하지 않고 계산을 계속해 가면 다섯번째의 641로 $F_5$가 정확히 나누어떨어지는 것이 아닌가!

즉 이러하다.

$$F_5 = 641 \cdot 6700417 = (2^6 \cdot 10 + 1) \cdot (2^6 \cdot 104694 + 1)$$

이것이 1732년에 오일러가 발견한 페르마 수의 최초의 반례이다. 다만 이 판정에 사용한 앞 페이지의 식①을 오일러가 증명한 것은 1747년으로 되어 있으니까 혹시 오일러는 맹목적인 계산 끝에 이 발견에 도달했는지도 모른다. 여기서는 여러분도 "재발견"할 수 있도록 역사의 순서는 무시하고 설명해 보았다.

아무튼 세간의 상식을 한 번 의심하여 끝까지 계산을 수행한 오일러는 훌륭한 남자라고 말하지 않을 수 없다.

$F_5$에서는 소인수로 된 두 개의 식①형의 수에 대해서 그들의 $k$는 어느 쪽도 짝수로 되어 있으나 이것은 우연은 아니다. 사실 $F_n$을 나누는 소수는 $2^{n+2} \cdot k + 1$의 형태를 하고 있지 않으면 안 되는 것을 류커가 1877년에 보여 주었다.

82세의 노수학자 란드리는 이 새로운 사실에 바탕을 두고 수개월간 계산을 계속하여 드디어 $F_6$도 합성수라는 것을 발견하고 있다(1880년). 즉

$$F_6 = 274177 \cdot 67280421310721$$

참으로 수고하였다.

반례가 하나 발견되면 그것만으로 원래의 예상은 부정되는 것이

니까 페르마 수에 대한 것도 깨끗이 잊어 버려도 좋을 것으로 생각된다.

그러나 그렇게는 되지 않았다. 소멸되어 가고 있던 페르마 수에 대한 관심을 다시 불러일으킨 것이 다시금 가우스이다.

### 가우스, 페르마 수의 신비를 밝히다

1796년, 이번은 소수 예상 때보다 네 살을 더 먹어 19세가 되어 있었으나 이 놀랄만한 미성년은 정(正)17각형의 작도에 성공하고 그 과정에서 페르마 수에 숨겨져 있던 참된 신비를 발견한 것이다.

결론만을 말하면 가우스가 발견한 사실이란 다음과 같은 것이다.

$F_n$이 소수이면 정$F_n$각형을 컴퍼스와 자로 작도할 수 있다. 역으로 $p$를 소수로 해서 정$p$각형이 컴퍼스와 자로 작도될 수 있기 위해서는 $p$가 페르마 수이지 않으면 안된다.

즉 정3각형, 정5각형, 정17각형, 정257각형, 그리고 만일 희망한다면 정65537각형의 5개는 컴퍼스와 자로 작도 가능하다는 것이다.

그렇다면 이 5개 이외에도 작도 가능한 정소수각형은 있는 것일까? 그것을 아는 것과 새로운 페르마 수를 발견하는 것은 사실상 같은 것이다라는 것을 19세의 가우스가 증명한 것이다.

현재 페르마 수는 더 세련된 소수판정 기준에 바탕을 두고 컴퓨터를 사용해서 탐색이 계속되고 있다. 그 결과 89개의 $n$에 대해서 $F_n$은 합성수가 되는 것을 알고 있다. 이제까지 알려진 5개를 제외하면 그것 이외의 페르마 수 즉 $F_n$형의 수로 소수가 되는 것은 아직 하나도 발견되어 있지 않다.

과연 여섯번째의 페르마 수는 존재하는 것일까? 그것은 아직 아무도 모르고 대담한 예상을 세워서 페르마의 전철을 밟으려고 하는 사람도 현재까지는 나타난 것 같지 않다.

# Ⅱ
# 새로운 수학의 미해결 문제

「수학적 발견의 원동력은 논리적인 추론이 아니고 상상력이다.」

-드 모르간-

# 1. 토폴러지스트의 꿈

― 3차원 푸앵카레 예상은 풀리는가? ―

"삼각관계"는 어렵다 ――

복수의 인간이 있고 무언가 사안을 결정하려고 할 경우 사람수가 많은 편이 빨리 결정되는 일이 있다. 5명 이상이면 개개인의 해명에 어긋남이 있었다 해도 다수결로 결말을 내는 것도 불가능하지는 않기 때문이다.

그 결과가 가령 1표차였다 해도 납득한 결과로 한 것이라면 소수파라도 눈물을 머금을 수밖에 없을 것이다. 그래도 억지를 부린다면 사회생활을 성실하게 영위해 갈 수는 없다.

그러나 4명이나 3명에서는 조금 이야기가 달라진다. 4명이면 다수결로 결정하려고 해도 1:1 무승부로 끝날 가능성이 충분히 있다. 특히 상호간 이해가 얽혀 있을 때에는 언제까지라도 균형이 깨지지 않고 결국은 우격다짐이라는 결과가 된다고 말 못할 것도 없다. 요컨대 5명 이상 때에 유효했던 같은 방법론이 여기서는 적용되지 않는다고 하는 것이다.

3명의 경우는 또 특별하다. 3자가 세 가지 형태의 기대나 생각이

뒤엉키게 되면 무언가 하나의 결론을 내기는 커녕 내용이 있는 대화를 속행하는 것도 어렵게 되는 일이 있다. 특히 3명이 뒤범벅이 되어 서로 미워하거나 역으로 사랑하거나 하는 경우 등 손을 댈 수 없다. 세상에서 말하는 "삼각관계"의 공포이다.

혼히 '세 사람이 모여 상의하면 문수보살 같은 지혜가 나온다'라든가 '혼자서는 꺾을 수 없는 화살도 형제 세 사람이 힘을 합하면 꺾을 수 있다'라고 말한다. 고금동서를 불문하고 이러한 속담이나 교훈이 많이 있다는 것은 3인 관계의 어려움을 역설적으로 증명하고 있다고도 해석할 수 있다. 3인의 협조가 정말 어렵기 때문에 그 필요성을 깨우치고 있는 것이다. 두 사람만으로는 아직 "사회"라고는 말할 수 없다. 세 사람이 모여 비로소 사회관계가 성립하는 것이다. 그러한 의미에서도 3은 특별한 수라고 말할 수 있을 것이다.

이제까지의 이야기가 꼭 그대로 현대 수학의 초난문인 「푸앵카레 예상」에 적용된다고 하는 것을 전달하는 것이 여기서의 당면 목적이다.

### 푸앵카레 예상이란 무엇인가?

푸앵카레 예상은 수학의 부문으로 구분해서 말하면 토폴러지(위상기하)의 큰 문제이다. 그 내용을 우선 수학의 말로 정확히 표현해 두면 다음과 같이 된다.

「단연결(單連結)인 $n$차원 폐(閉)다양체 $M$이 $n$차원 구면(球面) $S^n$과 호모토피(homotopy) 동치라면 $M$은 $S^n$일 것이다.」

미지의 나라의 말이 지나치게 많아 어려움을 겪는다. 실제로는 이들 말 하나하나를 이해하지 않으면 문장 전체의 의미도 당연히 정말로 이해할 수 없는 것인데 이하에서는 너무 딱딱하게 생각지 않고 느낌으로 이야기를 진행하도록 하자.

그를 위해서 우선 토폴러지란 어떠한 기하인가를 개략적으로 상상하는 것부터 시작한다.

### 기하학도 "세상 따라 사람 따라!"

우리들이 학교에서 최초로 배우는 기하는 초등 기하(유클리드 기하)이다. 초등 기하에서는 주로 삼각형이나 평행사변형과 같은 다각형 그리고 원 등의 '합동'이나 '닮음'을 문제로 삼는다.

크기도 형태도 모두 같은 도형이 합동이다. 한편 닮음은 형태는 같으나 크기가 틀리는 도형을 말하는 것이다. 합동이라든가 닮음이라는 성질은 문제로 하고 있는 도형이 평면상 어디에 위치하고 있어도 바뀌지 않는다. 더 정확히 말하면 평행이동이나 회전, 대칭이동(접어서 반대쪽으로 꺽음이나 때로는 뒤집기) 등을 하여도 그대로 보존되는 불변의 성질이다.

고등학교에서는 조금 더 복잡한 이동(변환)을 생각한다. 이번에는 같은 척도(尺度)에서의 신축까지 허용하려고 하는 것으로 예컨대 T셔츠의 무늬를 한 방향으로 균등한 힘으로 잡아당겼을 때에 생기는 것과 같은 도형을 문제로 하는 것이다. 아주 정확한 비유는 말하기 어려우나 대충 그러한 것이다.

이 조작을 '1차변환'이라 부르고 행렬(行列)로 나타낼 수 있다는 것은 고교생이라면 누구라도 알고 있다. 1차변환에서는 합동이나 닮음의 관계는 일반적으로는 보존되지 않으나 역시 여러 가지 1차변환을 시켜도 바뀌지 않는 성질이나 양이라는 것이 나온다.

이렇게 해서 보면 한마디로 기하학적 성질이라고는 하지만 그 개념은 "세상 따라 사람 따라"서 바뀌어 온 것을 알 수 있다. 어디까지의 이동이나 변환을 허용하는가에 따라서 그들에 의해 바뀌지 않는 성질이나 불변량도 저절로 달라지는 것이다.

이 점에 착안해서 기하학 전체의 카탈로그를 작성해 보인 것이 독일 수학계의 대가적인 존재로서 군림한 펠릭스 클라인(1849~1925)이다. 그이는 개개의 도형이 아니고 그들 도형 모두를 수용하고 있는 공간 바로 그것을 문제로 삼고 그 공간을 그 자신에 옮기는 변환 전체를 생각하였다. 평행이동이나 짜부러지지 않는 1차변환은 전부 이에 속한다. 그리고 이들 각종의 변환전체가 만드는 각각의 집합에 대해서 그것들이 갖는 대수적(代數的)인 성질을 밝힘으로써 그때까지 아무런 관계도 없다고 생각되어 있던 각양각색의 기하학의 통일적인 특징 부여를 행하려고 한 것이다.

예컨대 평행이동이라면 평행이동 전부를 취한다. 그러면 평행이동을 세 번 행하는 경우 최초의 두 개를 함께 해도 뒤의 두 개를 함께 해도 결과는 역시 평행이동이 된다〔결합법칙〕. 또한 전혀 움직이지 않는 "이동"도 하나의 특별한 평행이동이라 생각할 수 있다〔단위원(單位元)의 존재〕. 더욱이 어떤 평행이동 후에 이번에는 역으로 되돌리는 평행이동을 행하면 전혀 움직이지 않는 것과 같은 결과가 된다〔역원(逆元)의 존재〕.

이들 세 가지 성질을 충족하는 집합은 대수의 말로 '군(群)'을 만든다고 한다. 평행이동에 한정되지 않고 기타의 일반적인 변환전체로부터 이루어지는 집합에 대해서도 마찬가지로 해서 이들 세 가지 성질이 성립하고 따라서 군을 만드는 것을 알 수 있다. 이것이 소위 '변환군'이다.

### 클라인의 에를랑겐 프로그램

클라인의 사고 방법은 이러하다.——종전에 기하학은 도형의 성질을 연구하는 학문이라 하여 도형의 이동이나 변환은 그를 위한 수단에 불과하다고 생각되어 왔으나 이것은 잘못이다. 처음에 있는 것은 **변환군**이다. G라고 하는 변환군이 있다면 G로 불변의 성질을 규명하는 것이 G의 기하학이다. 가령 취급하는 공간이 동일해도 G가 다르면 당연히 그것에 따라서 불변인 성질도 다르고 따라서 그 기하학도 다른 것으로 된다, 역으로 말하면 변환군 G를 지정함으로써 그것에 종속하는 기하를 특정할 수 있다.

이 방법을 사용하면 유클리드 기하다, 비유클리드 기하다, 사영(射影) 기하다라고 하는 그때까지 알려져 있던 여러 가지 기하학이 모두 통일적으로 파악되고 시종일관된 관점에서 분류한 그들의 카탈로그를 만들 수 있다——.

이것이 유명한 '에를랑겐 목록' 또는 '에를랑겐 프로그램'이라고 불리는 것의 기본적인 사고방법이다. 클라인은 불과 23세 때에 에를랑겐 대학에 제출한 교수취임 논문 속에서 이 견해를 발표하였다. 조숙(早熟)했던 것이다. 키도 크고 핸섬하며 동시에 언변이 유창하였다. 정말 거인의 풍격(風格)을 가진 인물이었다고 한다. 그러나 현재로서는 소위 '뉴 아카데미즘'의 사람들이 편애하는 '클라인의 항아리'로 그 이름이 알려질 정도——라고 하면 조금 지나치게 말한 것이나——이고 현역의 수학자 사이에서는 그다지 높은 평가는 받고 있지 않는 것 같다.

일본의 대표적인 수학사전인——아니 세계에 둘도 없는 현대수학의 백과사전인——일본수학회편 『이와나미 수학사전』은 제2판까지는 요란하게 실었던 클라인의 초상(肖像)을 제3판에서는 잔혹하게 끌어내려 버렸다. 확실히 수학(자)도 "세상따라 노래(?)따라"의 감개가 있다. 그러나 클라인에 대신해서 일본의 위대한 수학자 다카키 테이지(高木貞治)의 초상이 들어간 것이니 매우 잘 됐다고

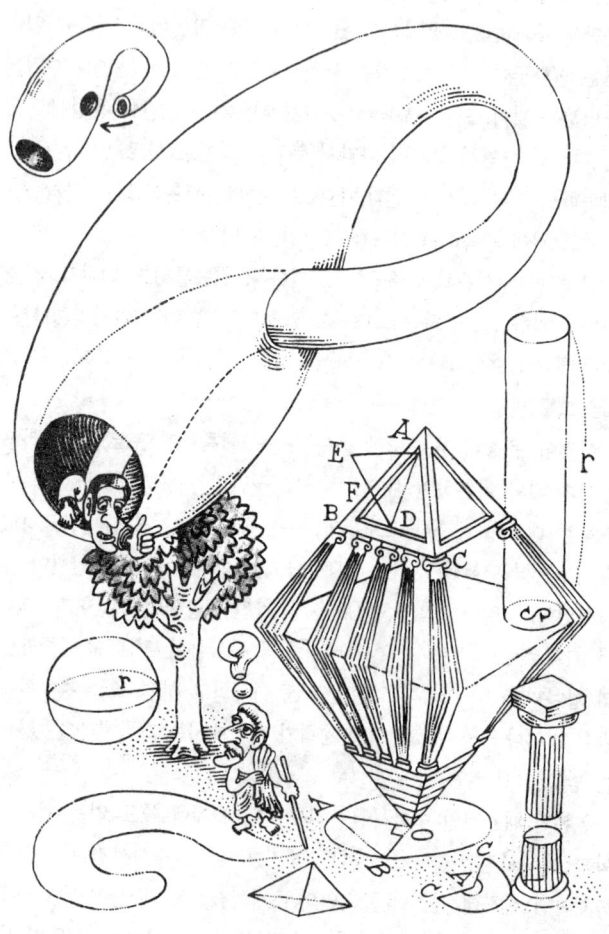

유클리드 군, 이것도 기하학이야.

하지 않을 수 없다.

다카키 테이지 박사(1875~1960)의 명저인 『해석개론』이나 『초등 정수론 강의』에는 나도 제법 신세를 졌다. 지금 와서 보면 확실히 낡아빠진 느낌이 들지 모르나 역시 명저 중의 명저에는 변함이 없다고 생각한다. 어떤 수학자는 『초등 정수론 강의』에 대해서 '아마 여러 외국에도 이 정도의 명저는 드물 것이다'라고 평하고 있었다. 세계의 명저를 원문(일본어)으로 읽을 수 있다는 것은 얼마나 고마운——존재확률이 낮은——일인가. 이 책으로 수학에 대한 흥미가 북돋우어져서 이제부터 수학을 본격적으로 공부해 보고자 하는 독자에게는 현대풍의 교과서와 병행해서 다카키 박사의 두 가지 저서의 병독(倂讀)을 꼭 권장한다.

덧붙여 말하면 『이와나미 수학사전』을 초상(肖像)으로 장식하는 대수학자로서 클라인을 제외한 나머지 7명은 다음의 사람들이다. 그들 7명이 이 사전에서 모습을 감추는 것은 미래에도 아마 없을 것이다. 그러한 의미에서도 그들은 현대수학을 구축한 부동(不動)의 멤버라고 말할 수 있다.

C.F. 가우스(1777~1855), N.H. 아벨(1802~29), 에봐리스트 갈루아(1811~32), G.F.B. 리만(1826~66), 앙리 푸앵카레(1854~1912), 다비드 힐베르트(1862~1943), 엘리 카르탕(1869~1951).

엉겁결에 여담이 길어졌다.

이것은 반은 의도적으로 그렇게 했기 때문이다. 여담 속에 현대수학의 생생한 실상(實像)을 슬쩍 엿보았으면 하고 나는 바라고 있다. 그러나 아무튼 이야기를 토폴러지로 되돌리자.

### 토폴러지는 점토(粘土)의 기하학

클라인의 에를랑겐 목록의 발상에 입각하면 토폴러지란 '위상적인 변환군에 의해서도 불변의 양을 취급하는 기하학에 대한 것이다'라는 것이 된다.

위상적인 양을 바꾸지 않는 변환을 '동상사상(同相寫像)'이라 한다. 역으로 말하면 동상사상에 의해서도 변하지 않는 양이 '위상불변량'이다. 어느 쪽으로부터 시작해도 되지만 어느 쪽인가부터 시작하지 않으면 어느 쪽도 시작되지 않는다.

통상, 클라인의 아이디어에 따라서 변환 쪽으로부터 정의한다. 초등 기하가 '처음에 삼각형 있다'부터 시작하는 것과 큰 차이다.

그래서 동상사상을 정의하자. 동상사상이란 '1대 1의 연속사상이고 동시에 역사상도 연속으로 되는 것과 같은 것'을 말한다. 즉 대상 X에서 대상 Y로의 사상──문자대로 점을 점으로 전사(轉寫)하는 조작을 말함──으로 X상의 모든 점이 Y상의 모든 점으로 빈데 없이 매끄럽게 이동하고 역으로 Y상의 모든 점을 X상의 원래의 점으로 되돌려 주어 그 사상도 빈데 없이 매끄럽게 되어 있을 것 같으면 그것을 동상사상이라고 하는 것이다.

동상사상에 의해서 서로 전사할 수 있는 두 개의 대상은 '동상이다'라 하여 실질상 같은 것으로 간주한다.

여기서 '빈데 없이 매끄럽게'라고 표현한 부분이 소위 '연속사상'에 해당된다. '매끄럽게'라는 말은 수학용어로서는 원래 '미분가능'을 의미하고 있으나 여기서는 그러한 의미를 부여하지 않았다. '빈데 없이'라는 형용만으로도 충분하지만 그것으로는 느낌이 나오지 않기 때문에 부가시킨 것뿐이다.

연속사상의 정의를 정확히 말하려면 '개집합(開集合)'을 사용하든가, 해석학의 '입실론=델타 논법'을 사용하든가 하지 않으면 안된다. 어느 쪽이든 그 자체는 단순한 개념이지만 익숙지 못하면 혼란이 올 염려가 있기 때문에 여기서는 생략한다.

실제 고교수학에서 배우는 '연속함수'부터가 '어쩐지 빈데 없이 연결되어 있는' 정도의 이해로 끝내고 있다. 수학적으로 보아 정확한 정의는 초학자에게는 맞지 않는다는 교육적 판단의 결과일 것이다. 여기서도 그러한 공인된 '지도 요령'에 편승해서 이야기를 진행시키려고 하는 것이다.

아무튼 동상사상의 요점은 '도형(대상)을 잘게 썰거나 붙이거나 하지 않는 한 상당히 자유로운 변형까지 허용한다'라는 점에 있다. 그리고 그러한 자유로운 변형을 가해도 아직 변하지 않는 도형(대상)의 성질이나 양을 토폴러지에서는 '위상불변량'이라 부르고 있는 것이다.

참으로 개략적인 해설이 되었으나 동상사상과 위상불변량에 대한 우선의 이미지는 느낌으로 이해하였을 것으로 생각한다.

다음의 단계는 앞에서 말한 것처럼 '동상인 것을 동일시한다'라는 관념 조작이다. 사실은 이것은 수학자의 상투 수단인데 수학 이외에서는 반드시 당연한 사고 패턴은 아니다. 그런 의미에서 이 발상은 일상적인 사물을 보는 방법이 수학적 사고에 대해서 위화감을 느끼는 장애로도 되어 있다. 역으로 말하면 이 발상을 익히면 수학의 진수(眞髓)에 한 걸음 더 접근할 수도 있게 되는 것이다.

그래서 동일시에 대한 이미지를 명확히 하기 위해서 비유담을 부가해 둔다. 사람에게는 누구에게나 성씨와 이름이 있다. 일상생활에서는 동성동명을 제외하면 성씨와 이름의 양쪽으로 대다수의 사람에 대한 구분이 된다. 성씨가 같다고 하여 구별이 안된다는 어리석은 이야기는 들은 적이 없다.

예컨대 야마다 타로라든가 야마다 하나코, 야마다 덴고사쿠, 야마

토폴러지스트 말하기를, "커피잔과 도넛은 같은 것이다(동상사상?!)"

다 구니코 등등은 아무리 보아도 별개의 인물이다. 그런데 토폴러지스트의 눈으로 보면 그들의 용모나 성격이 아무리 다르더라도 그들은 '야마다'라는 동일의 말하자면 '위상불변량'을 공유하고 있다는 점에서 일치하고 있고 그 점만으로부터 보면 구별을 할 이유가 없어진다.

그래서 결단코 '야마다'라는 성씨의 사람은 모두 동일 인물이라고 간주해 버리라고 하는 것이 동일시 —— 정확히는 '동치(同値)관계'에 의한 유별화(類別化) —— 의 발상인 것이다.

이 발상에 입각하면 '야마다'라는 성씨를 갖는 모든 사람으로 이루어지는 《사람》이 있고 한편 '스즈키'라는 성씨를 갖는 모든 사람으로 이루어지는 《사람》도 있다. 그 밖에 얼마든지 《사람》을 생각할 수 있으나 이들 《사람》은 분명히 딴사람끼리다. 그리고 이 추상화된 《사람》들로 이루어지는 《사회》라는 것을 다음으로 생각할 수 있을 것이다. 수학이라는 학문은 이와 같은 형태로 추상화의 길을 파고들어 밝혀 간다는 경향을 뿌리깊게 갖고 있는 것이다.

그리고 지금의 비유만으로도 토폴러지가 얼마나 개략적인—— 좋게 말하면 너그러운——기하학인가를 알 수 있을 것이다. 구체적인 도형으로 말하면 커피잔과 도넛은 토폴러지스트의 눈으로 보면 같은 것이다. 즉 커피잔을 어떤 동상사상으로 빈데 없이 매끄럽게 변형해 가면 도넛이 만들어지고 도넛으로부터 커피잔을 만드는 것도 가능하다. 그렇기 때문에 토폴러지스트는 커피잔을 먹거나 도넛으로 커피를 마시거나 하는 것이다(!?).

토폴러지에 대한 것을 흔히 '점토의 기하학'이라든가 '고무판의 기하학'이라고 부르는데 이렇게 해서 보면 이 별칭(別稱)이 얼마나 토폴러지의 본성에 걸맞는 것인가를 알 수 있다. 점토를 주물럭거리는 것을 좋아하는 어린이들은 창조력이 풍부한 인간으로 자란다고 한다. 점토놀이도 이제야 말로 "어린이의 영역"에서 수학자의 영역으로 옮겨져서 커다란 창조성의 원천으로 되어 있는 것이다.

토폴러지다운 발상은 아주 오랜 옛날부터 있었던 것 같다. 무릇 지능의 발육단계에서도 유아가 최초로 획득하는 것은 토폴러지적인 공간인식이다라고 구조주의의 심리학자 피아제는 말하고 있다. 가령 '개체발생은 계통발생을 반복한다'라는 격언을 믿고 동시에 확대해석하는 것이 허용된다고 하면 일찍이 몇 백만 년이나 이전의 지구에서 미지의 지적(知的) 존재가 설치한 일종의 "지성해발(知性解發)장치"를 본 우리 인류의 대조상인 원인(猿人)의 한 사람이 커피잔을 간식(間食) 대신에 먹기 시작했다 하여도 아무것도 이상하지 않다. 물론 그러한 정경(情景)이 스탠리 큐브릭의 영화 <2001년 우주의 여행>에 나오는 것은 아니지만……

토폴러지의 선구적인 작업은 오일러나 데카르트에서 볼 수 있다. 그 중에서도 유명한 것이 오일러가 푼「쾨니히스베르크의 다리건

Q. 같은 다리를 두 번 건너지 않고 전부의 다리를 건널 수 있는가?

A. 이 그래프가 일필휘지로 그릴 수 없기 때문에 불가능하다! (오일러)

쾨니히스베르크의 다리건너기의 문제

너기 문제」이다. 이 문제는 1차원이기 때문에 점토가 아니고 고무줄로 생각하는 것이 좋을 것이다. 요는 다리끼리의 거리나 모양새, 기타 여러 가지 속성을 무시하고 고무줄의 교차점의 연결방법만 파악하기만 하면——바꿔 말하면 현실의 지형과 동상의 그래프상에서 생각하면——이 문제는 결국 "일필휘지(一筆揮之)로 그림"의 문제로 환원될 수 있는 것이라고 깨달은 곳에 오일러의 승인(勝因)이 있었던 것이다.

그러나 토폴러지가 폭발적으로 발전한 것은 실은 금세기에 들어서부터의 일이다. 특히 제2차 대전 후의 전개는 극적이었다. 소박한 견해이면서 이것만큼 학문으로서의 성립이 늦어진 최대의 이유는 역시 상황이 무르익지 않고 있었기 때문일 것이다.

전자기학(電磁氣學) 등의 물리학의 발전, 그리고 물론 수학 자체의 발전이 토폴러지적 사고를 필요로 하는 난문의 가지가지를 낳게 된 것은 고작 19세기 이후의 일이다. 때는 무르익고 충분한 준비를 갖추어서 토폴러지의 큰 꽃송이가 활짝 핀 것이다.

토폴러지의 발전에 최대의 기여를 한 난문이 처음에 언급한 푸앵카레 예상이다. 이 예상은 1904년에 프랑스의 대수학자 푸앵카레에 의해서 제출되었다. 여기에서 앙리 푸앵카레라는 인물에 대해서 조금 소개해 두자.

### 수학의 재능과 문필의 재능

19세기 말의 세계의 수학계는 두 사람의 거인에 의해서 지배되고 있었다고 해도 과언은 아니라고 생각한다. 한 사람은 독일의 괴팅겐에 거처를 마련한 힐베르트이고 또 한 사람은 프랑스 파리대학의 푸앵카레이다.

두 사람의 천재의 모습이나 위대성에 대해서는 어떠한 책에서도 읽을 수 있다. 나의 인상으로는 힐베르트가 우에스기 요시노부(上杉謙信), 푸앵카레가 다케다 신겐(武田信玄)으로서 이 두 영웅이 투쟁한 19세기 후반은 바로 현대 수학의 탄생에 이르는 "전국시대"였다라는 느낌이 든다.

이러한 요령으로 상상력을 총동원하면 오다 노부나가(織田信長)가 베이유, 도요토미 히데요시(豊臣秀吉)가 그로탕디에크라면 도쿠가와 이에야스(德川家康)는 도우리뉴라는 것으로 될 것 같으나 이에야스는 오히려 도우리뉴, 히로나카(廣中), 맨포드, 파르틴크스 등등의 일군(一群)으로 보아야 할 것이다. 여기에 나온 등장인물의 면면은 Ⅲ부에서도 주역이 되는 멤버이기 때문에 그 투쟁모습을 기대하기 바란다. 아주 급히 보충해 두면 이 비유는 나 개인의 주관적인 견해로서 물론 정설로 되어 있는 것은 아니기 때문에 다짐해 둔다.

푸앵카레는 의사의 아들이다. 그이의 4촌은 제1차 대전 무렵 프랑스 공화국의 대통령에 취임하고 있다. 명문 출신이라고 말할 수 있을 것이다. 그이는 수학의 거인임과 동시에 물리학에서도 대단히 활약하고 있다. 힐베르트에게도 그러한 면이 다분히 있으나 아무튼 이 시대의 수학자는 탈영역적(脫領域的)으로 팔면육비(八面六臂)의 활약을 하고 있다. 온갖 난문을 찢어발겨서는 던지고, 찢어발겨서는 던지고······, 대단한 활극이다. 이러한 종류의 수학자는 금세기 후반 이후 매우 적어졌다. 전문화가 그만큼 진척된 증거이겠지만 어쩐지 서운하기도 한다.

다만 최첨단에서는 다시 통합화의 징조가 없는 것은 아니다. 한 사람의 수학자가 이러니 저러니 하는 것이 아니고 복수의 수학자들이 수학의, 나아가서는 이론물리학 등도 포함한 수리적인 과학의 대통일을 지향하고 있다──현대는 그러한 시대일지도 모른다.

1990년의 ICM 교토 회의에서 이론물리학의 에드워드 위텐이 물리학자로서는 처음으로 필즈상을 수상하였는데 이것도 수학과 물리와의 통합이라고 하는 최근 현저해진 경향의 하나로서 상징적인 표출이라고도 할 수 있을 것이다.

덧붙여 말하면 위텐은 키가 190센티미터나 되는 문자대로의 "거인"이고, 언젠가는 노벨물리학상까지 획득하여 세계최초의 필즈·노벨의 더블 메달리스트가 될지도 모른다는 한결 같은 소문이다. 두려운 존재이다.

푸앵카레가 글재주도 타고났다는 것은 그이의 일반독자용의 저작이 증명하고 있다. 『과학과 방법』, 『과학의 가치』, 『과학과 가설』의 소위 3부작――『만년(晩年)의 사상』을 더해서 4부작이라고 하는 경우도 있다――은 모두 이와나미 문고에서 일본어역이 나와 있기 때문에 손쉽게 읽을 수 있다. 이들 책에 나와 있는 비유클리드 기하의 해설 등, 지금 되풀이 읽어도 상당한 감동을 준다.

### 물쓰듯 논문을

이것만큼은 재능이 넘쳐흐르고 동시에 매우 다작(多作)의 사람이었기 때문에 푸앵카레의 논문에 오류가 많았다 하더라도 너무 책망할 것은 아닐 것이다. 그러나 같은 시대의 사람으로서는 상대방이 주목을 받는 사람이었던 만큼 이러한 오류나, 아무튼 논문을 양산하려고 하는 태도가 참을 수 없는 것으로 느껴진 것 같다.

푸앵카레보다 5세 연상인 클라인은 자기보다 13세 연하의 제자 힐베르트――따라서 힐베르트는 푸앵카레보다 8세 연하가 된다――를 푸앵카레 밑에 유학을 시키면서 그 제자에게 보낸 사신(私信) 속에서 이러한 문구를 흘리고 있다.

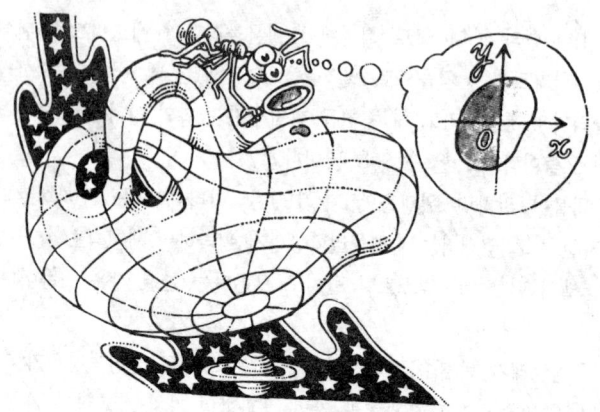

어떠한 곡면도 개미의 눈으로 보면 평면이다!

푸앵카레의 여러 논문에 관해서 말하면 줄곧 느끼고 있었던 것인데 가령 새로운 결과가 아무것도 없거나 또는 극히 약간밖에 없는 경우에서조차 아무튼 논문을 낸다고 하는 의도가 앞서 가고 있는 것같이 생각된다. 자네는 이 점에 대해서는 찬성하는가? 파리에 있으면서 그 쪽 사람들 사이에서도 이러한 의견이 이야기되는 것을 혹시 들은 적은 없는지?

푸앵카레 예상도 그이의 물쓰듯 흥청망청하던 논문 중에서 약 10년간의 우여곡절을 거쳐 탄생되었다. 토폴러지에 대한 대논문을 다 쓴 것은 1895년이다. 그로부터 논문 속의 오류를 스스로가 차례로 정정해 가는 데에 약 10년 걸렸다는 것이다. 이들 정정은 합계 5개의 보유(補遺)로서 순차 발표되었으나 1904년에 나타난 마지막 보유 속에서 그이는 오늘날 '푸앵카레의 호몰러지(homology) 구면(球面)'이라 부르는 것을 구성하고 그와 관련해서 마지막으로 "대수롭지 않은 문제"를 제출하였다.

### 대수롭지 않은 문제?

즉 '단연결(單連結)인 3차원 폐(閉)다양체는 3차원 구면이라고 말할 수 있을 것인가?'라고 물은 것이다. 이것이 다름아닌 푸앵카레 예상의 원형 바로 그것이다. 푸앵카레 자신은 여기서 3차원 다양체에 대해서만 언급하고 있는 점에 주의하기 바란다.

수학자는 무엇이든 바로 일반화하지 않고서는 끝장을 낼 수 없는 버릇이 있기 때문에 이 예상도 바로 $n$차원 다양체에서의 문제로 번역되었다(이것에는 다소의 수정이 필요하고 그 결과가 이 장의 최초에 언급한 정식화(定式化)로 되는 것이다).

여기서 말하는 '$n$차원 다양체'란 특별한 의미를 갖는 말이다. 그 아이디어는 리만을 효시(嚆矢)로 한다. 또다시 리만이다. 이 사람의 상상력은 매우 무섭다. 그러나 다양체의 개념이 명확한 정의를 갖고 수학 속에 널리 정착해 간 것은 1930년대가 되어서의 일이었다. 그 이미지를 간단히 해설해 두자.

### 구면도 작은 평면의 집합

우리들은 일상 생활에서 지구가 둥근 사실은 그다지 문제로 삼고 있지 않다. 통상은 예사롭게 대지(大地)는 평탄하다고 생각하고 있다. 적어도 자기의 위치를 중심으로 해서 10킬로미터 사방 정도는 평탄하다고 생각해도 아무런 지장도 일어나지 않는다. 10킬로미터 사방으로는 문제가 있다고 하면 1미터 사방으로 하자. 손이 미치는 범위는 평탄, 즉 유클리드 평면이라고 생각하는 것이다(지금은 간단하게 하기 위해 지구를 완전한 구체(球體)라고 생각하여 그 표면만을 문제로 하고 있다).

이러한 '근시안적인 보는 방법'을 하면 구면상의 모든 점에 대해서 그 점의 지극히 가까이에서는 평면과 같은 평탄한 구조를 갖고 있다고 생각해도 지장이 없다. 아주 작은 원판을 무수히 붙여서 구면을 덮는 것이다. 원판끼리 서로 겹쳐 있는 부분에서는 그 양쪽에 포함되는 가장 작고 평탄한 원판을 생각한다.

이것이 2차원 다양체의 이미지이다. 여기서 근시안적인 보는 방법이라고 한 것은 수학의 말로는 '국소적(局所的, local)'이라 말한다. 그에 반해서 전체를 보는 입장이 '대역적(大域的, global)'이다.

이 용어를 사용한다면 2차원 다양체란 대역적인 시점은 일단 제쳐 놓는다 해도 적어도 국소적으로는 평탄한 평면(2차원 유클리드 공간)과 같은 구조를 가진 대상이라고 말할 수 있다. 평탄한 평면은 초등 기하의 영역이기 때문에 우리들이 자신있는 부분이다. 그래서 다양체의 발상은 대역적으로는 잘 모르는 것을 국소적 구조로부터 공격해 보려고 하는 것이다라고 말해도 좋을지 모른다.

### 2차원 다양체에서 $n$차원 다양체로

지금은 2차원을 예로 들었으나 $n$차원으로 확장하는 것은 적어도 형식적으로는 아무런 곤란도 없다. 즉 우선 $n$차원 유클리드 공간 $R^n$을, $n$개의 실수의 조를 하나의 점으로 생각하고 두 점 사이의 거리를 다음과 같은 공식으로 부여함으로써 정의한다.

$$R^n = \{(x_1, x_2, \cdots\cdots, x_n) \mid \text{모든 } i\text{에 대해서 } x_i \in R\}$$
$$\text{거리 } d(x, y) = \sqrt{(x_1-y_1)^2 + (x_2-y_2)^2 + \cdots\cdots + (x_n-y_n)^2}$$
$$\text{다만 } x = (x_1, x_2, \cdots\cdots, x_n), y = (y_1, y_2, \cdots\cdots, y_n)$$

다음으로 어떤 점으로부터의 거리가 $r$보다 작은 미소한 $n$차원의 구체(의 내부)를 생각하고 이러한 "평탄한" 구체로 다 덮여 있는 대상을 '$n$차원 다양체'라고 부르는 것이다.

사실은 토폴러지라는 말에는 두 개의 의미가 있다. 하나는 위상기하학의 의미이다. 또 하나는 단순히 '위상'이라고만 부른다. 위상은 한마디로 말하면 거리의 개념을 추상화한 것으로 수학적 대상이 갖는 가장 기본적인 구조의 하나이다. 위상을 부여하는 데에는 아무런 거리를 정의하지 않아도 더 약한 조건으로 부여할 수 있는 것이나──그것에 따라서 다양체의 정의도 추상화할 수 있다──여기서는 깊이 들어가지 않는다.

또 하나의 주의점. 이 장에서 취급하고 있는 다양체는 '매니폴드(manifold)'라 부르는 것으로 이상한 점(특이점)은 갖고 있지 않다. Ⅲ부에서 취급하는 대수다양체의 경우는 똑같이 다양체라고는 해도 일반적으로는 이상한 점을 포함하고 있어 '버라이어티(variety)'라고 불러 영어로는 구별하고 있다. 이 점에 대해서는 Ⅲ부에서 다시 언급한다.

### 푸앵카레 예상의 이미지

그러면 원전판(原典版) 푸앵카레 예상에 등장하는 3차원 구면이란 어떠한 것일까. 지금 눈앞에 축구공이 있다고 하자. 이 표면은 2차원 구면으로 되어 있다. 2차원 구면 $S^2$을 방정식으로 적으면 표준형은 다음과 같이 된다.

$$S^2 = \{(x_1, x_2, x_3) \in R^3 \mid x_1^2 + x_2^2 + x_3^2 = r^2, r > 0\}$$

마찬가지로 해서 3차원 구면 $S^3$의 방정식은 이러하다.

$$S^3 = \{(x_1, x_2, x_3, x_4) \in R^4 \mid x_1^2 + x_2^2 + x_3^2 + x_4^2 = r^2, r > 0\}$$

그러면 3차원 구면은 내용물이 채워진 축구공 바로 그것으로 생각해도 되는 것일까? 대답은 '아니다'이다.

정의식을 잘 보기 바란다. $S^2$은 3차원 공간 $R^3$ 속에 들어가 있다. 실제로 축구공의 표면을 신문지 $R^2$ 위에 빈데 없이 펼 수는 없다. $S^2$은 3차원 공간 ($R^3$) 속에서 비로소 실현될 수 있는 것이다.

마찬가지로 해서 3차원 구면 $S^3$는 4차원 공간 속에서밖에는 실현될 수 없다. 국소적으로는 축구공의 내용물과 같기 때문에 "볼수"가 있으나 그것이 빈데 없이 연결된 전체의 모습이 되면 우리들의 감각으로는 환몽(幻夢)의 세계로 되어 버리는 것이다. 3차원이라 말해 버리면 언뜻 보기에 간단한 것 같으나 좀처럼 그렇게는 안될 것이다.

푸앵카레 예상을 정말로 알기 위해서는 '호몰러지 군(群)'과 '호모토피 군'에 대해서 해설하지 않으면 안되나 길어지기 때문에 다른 책에 미루기로 하자. 지극히 개략적으로 말하면 $n$차원 구면과 호모토피 동치(同値)와는 그 다양체상의 도형을 모두 1점으로 축소해 버릴 수 있는 것과 같은 구조라고 생각하면 된다.

그리고 푸앵카레 예상을 상상하기 쉽도록 바꿔 말하면 이렇게 된다.

「$n$차원 폐다양체 $M$은 그 속에 있는 모든 $(n-1)$차원 이하의 구면이 모두 1점으로 축소되면 $n$차원 구면 $S^n$과 같을 것이다.」

'폐다양체'란 문자 그대로 "닫힌" 다양체를 말하는 것으로 어디까지라도 퍼져 가지는 않는다라는 의미이다.

### 잠 못 이루는 밤과 '신의 계시'

푸앵카레 예상은 우선 최초에 5차원 이상의 고차원 다양체에 대해서 증명되어 버렸다. 1961년에 7차원 이상에서는 옳다는 것을 스메일이 보여 준 것을 시작으로 6차원(스트링스), 5차원(지만)과 함께 척척 풀려 버린 것이다. 스메일은 이 업적에 의해서 1966년도의 필즈 메달리스트에 빛났다.

1차원과 2차원은 자명하기 때문에 결국 4차원과 원전판에 있었던 3차원이 미해결 문제로서 남겨졌다. 그로부터 20년간 토폴러지스트들은 잠 못 이루는 밤을 거듭하였는데 1981년 가을의 어느 날 아침 잠자리에서 괴로운 밤을 지새고 있던 젊은 토폴러지스트(당시 30세) 마이켈 프리드먼에게, 그이 자신의 말을 빌리면, '신의 계시'가 있었다. 벌떡 일어난 프리드먼 청년은 아주 급히 증명의 요점을 적어 둔다. 드디어 4차원 푸앵카레 예상이 해결을 본 기념할 만한 아침에 관련된 실화(實話)이다.

### 남은 3차원의 '예상'

이와 같이 하여 푸앵카레 예상은 결국 푸앵카레 자신이 제기한 원조(元祖)라고도 할 수 있는 3차원의 경우만이 남게 되었다. 그리고 이 "원전판" 푸앵카레 예상은 아직도 미해결인 것이다. '신의 계시'는 언제 누구에게 오는가? 그것이 토폴러지스트들의 최대의 관심사이다.

페르마의 문제와 마찬가지여서 '풀렸다!'라는 소문은 흔히 나지만 태반은 '소문'인 채로 끝나 버린다. 1986년에도 레고와 루루케가 화려한 증명을 보고는 하였으되 이 증명에는 잘못이 있었다는 것이 곧 판명되어 바다 밑에 가라앉아 버렸다.

프리드먼이 말하는 '신의 계시'의 위력이 역력히 보여지는 느낌이다. 그이는 이 작업으로 1986년도의 필즈상을 수상하였다. 프리드먼과 함께 필즈상을 받은 토폴러지스트에 그이보다 7세 젊은——따라서 수상시에는 불과 28세였던——사이몬 도날드슨이 있었다.

도날드슨의 수상 이유는 '4차원 공간 $R^4$에 있어서의 이그조틱(exotic)한 미분 구조의 발견'이라는 것이다. 미분 가능한 공간이나

이 딸만 남았다······.

다양체에 접하는 직선이나 평면을 긋기 위한 일종의 "매끄러움"의 상태를 결정하는 구조를 말한다.

상식적으로 생각하면 그러한 것은 한 차례밖에는 존재할 수 없는 것처럼 생각되나 1956년에 미르너가 괴상한 구면을 발견하기에 이르러 이 상식은 허무하게 무너졌다. 미르너는 형태로서는 보통의 7차원 구면을 가지고 와서 그 위에 보통이 아닌 새로운 미분구조를 구성해 버린 것이다. 그이는 이 업적에 따라 1962년의 필즈 메달리스트가 되었다. (한때 토폴러지는 필즈상의 "시장(마켓)"이라는 느낌을 준 것이다). 이것이 소위 '이그조틱한' 토폴러지의 시작이다.

도날드슨은 보통의 4차원 유클리드 공간과 전적으로 같은 공간이면서 보통이 아닌 미분구조를 갖는 이그조틱한 4차원 공간의 존재를 증명한 것이다. 이러한 공간은 4차원 이외에는 존재하지 않는 것도 보여 주고 있다.

아무튼 4차원 공간이란 실로 불가사의한 공간이다. 3차원 푸앵카레 예상도 그 속에 "생존"하고 있다. 우리들의 시공(時空)도 4차원이다. 3이라 말하고 4라 말하며 흔해빠진 수처럼 보이면서 사실은 상당히 까다로운 대용품이라는 것을 알 수 있게 된 것은 아닌지. 그렇다면 그들 수의 반영(反映)인 3명이나 4명의 인간 관계가 복잡하게 되기 쉬운 것도 어찌할 도리가 없는 이야기인지도 모른다.

## 2. 컴퓨터도 「*P=NP*문제」에는 진다!

**수학자는 보수적?**

내가 대학에서 수학을 공부하고 있던 1970년대 초기의 무렵에는 '수학은 종이와 연필(게다가 물론 머리)로 하는 것이다'라는 일반 통념이 아직도 널리 믿어져 있었던 것처럼 생각한다.

확실히 컴퓨터의 강좌는 있었으나 출석하는 것은 주로 물리 전공의 학생으로 수학 전공의 학생으로는 그다지 매력이 있는 것은 아니었다. 나 자신 '수학은 개념의 학문이지 결코 계산의 학문은 아니다'라는 지금와서 생각하면 상당히 편굴된 고정관념을 매우 강하게 갖고 있었다. 결국 한번도 컴퓨터에 접촉함이 없이 졸업한 것은 그러한 까닭인 것이다.

최근 폴 호프만이라는 하버드대학에서 수학을 공부한 젊은 사이언스 작가가 쓴 『아르키메데스의 복수』라고 하는 색다른 제목의 책을 읽고 있었는데 재미있는 장면에 맞닥뜨렸다.

아마 70년대의 일이라고 생각하는데 스탠퍼드대학의 어느 수학자가 이렇게 개탄했다고 한다.

우리 학부(學部)를 바라보아라. 이 대학의 다른 어느 학부보다도 컴퓨터의 숫자가 압도적으로 적다. 프랑스문학과에 놓여 있는 것보다도 적은 것이다.

그이의 동료인 다른 수학자는——이 사람은 30년간이나 스탠퍼드에 있다고 하는데——노여움을 띠고 이렇게 털어놓고 있다.

참으로 우수운 일이다. 컴퓨터가 이렇게도 적은 것은 분명히 일부 수학자의 보수주의——놈들은 실제로 컴퓨터를 능숙하게 사용할 수 있을 때까지의 시간을 내기 싫어하는 거야——와, 컴퓨터를 사용하면 방대한 시간이 걸려서 그 때문에 진지한 사고가 소홀히 된다는 신념 때문이야.

자신의 일처럼 생각되는 지적(指摘)으로서 듣기 괴로운 이야기이다. 요컨대 70년대 전반까지는 수학자가 컴퓨터를 경원(敬遠)하는 것은 일본, 미국을 불문하고 비교적 일반적인 풍조였다고 말할 수 있는 것이 아닐까.

그런데 이 20년 동안에 수학과 컴퓨터를 둘러싼 상황은 완전히 바뀌어 버렸다. 요즘은 수학자로서 '보수주의'에 투철한 사람은 그다지 흔하지는 않은 것이다. 실제로는 여전히 종이와 연필의 생활을 계속하고 있다 해도 표면상의 의견으로서는 컴퓨터의 존재를 매우 중요시하고 있을 것이다. 대형컴퓨터도 그럴 만하지만 퍼스널 컴퓨터의 보급은 현저하고 지금이야말로 퍼스널 컴퓨터는 수학자의 손발로 되어 있다.

슈퍼컴퓨터를 비롯하여 대형컴퓨터의 활약상은 Ⅰ부에서 보아 온 대로이다. 실제로 몇 십만 자릿수의 소수를 찾는 일을 수작업으로 하고 있다가는 도대체 몇 백 년이 걸리는 것인지를 알 수 없다.

### 컴퓨터는 계산이 "늦기" 때문에 문제이다.

그러나 수학자가 컴퓨터에 주목하기 시작한 것은 반드시 계산이 빠르다고 해서만은 아니다.

이렇게 말하면 역설적으로 들릴지도 모르나 너무나도 계산이 지나치게 느린 것이야 말로 문제인 것이다. 더구나 그 느림은 기술적으로 이러니 저러니 하는 것은 아니고 더 원리적인 것, 바꿔 말하면 개념상의 문제이다.

계산의 빠르고 느림은 컴퓨터 자체의 성능이 척도인 동시에 무엇을 푸는가와도 밀접하게 관련된다. 즉 빠르고 느림은 상대적인 평가에 불과한 일도 있는가 하면 주어진 문제에 따라서는 절대적인 구별로 되는 일도 있다. 만일 그것이 "원리적으로" 몇 십억 년의 계산 시간을 필요로 하는 문제라면 아무리 컴퓨터의 개량을 거듭하여 AI(인공지능)가 완성되었다 하더라도 모든 컴퓨터는 계산이 "느리다"라고 말하지 않을 수 없을 것이다. 현재 수학자가 몰두하고 있는 컴퓨터 수학 최대의 미해결 문제란 실은 그러한 문제인 것이다.

### 순회 세일즈맨의 문제

구체적인 예로서 보기로 하자. 여기서 거론하는 것은 통칭 '순회 세일즈맨의 문제'라고 익숙하게 부르고 있는 조합론(組合論)에 있어서의 최적치(最適値) 문제의 하나로서 다음과 같은 단순한 형태로 정식화(定式化)된다.

> 복수의 도시를 정확히 한 번씩 방문하여 모든 도시를 순회할 때 가급적 빨리 출발점으로 되돌아오는 데에는 어떠한 루트를 선택하는 것이 최선인가?.

별것 아니다. 누구나가 날마다의 생활에서 일상적으로 직면하고 있는 문제이다. 오늘은 은행과 구청과 도서관과 역의 녹색창구(역주:일본 국유철도의 주요역에 설치된 특급권, 침대권 등의 발매창구)에 가지 않으면 안된다. 게다가 나선 김에 백화점, 책방, 스포츠 용품점에도 들리고 싶다. 어떠한 순서로 순회하면 일을 빨리 마칠 수 있을 것인가라고 하는 식이다.

일반적인 $n$개의 도시를 제의(題意)에 따라 순회하는 루트를 잡는 방법은 $n$의 계승 개 즉

$$n! = n \cdot (n-1) \cdot (n-2) \cdots\cdots 3 \cdot 2 \cdot 1$$

개만큼 있다. 이 안에는 같은 루트의 역(逆)순회도 포함되어 있기 때문에 실제로는 이것을 2로 나누어서 $\frac{n!}{2}$가 검토하여야 할 선택지(選擇肢)의 수가 되는 것이다.

$n$이 1이나 2이면 자명하다. $n$이 3이라도 형식적인 선택지의 수는 3이 되나 이것은 출발점을 어디에 잡는가의 자유도를 보여 주는 것에 불과하고 실질적으로는 한 차례의 루트밖에 없다. $n$이 4의 경우도 출발점을 결정해 버리면 선택지는 고작 3개밖에 없기 때문에 조사해 보는 것은 간단하다.

앞에서 거론한 '은행, 구청, ……'의 예는 어떠할까. 들리는 장소의 수 $n$은 7개소. 다만 이 경우는 '역의 녹색창구'를 출발점으로 잡을 수 있기 때문에 실질적으로는 6개소를 순회하는 순서를 생각하면 된다. 그러면 선택지의 수는 $\frac{6!}{2}$, 즉 360가지. 이것을 하나하나 빠짐없이 조사하는 것은 전자식 탁상계산기를 사용해도 조금 애를 먹는다(7개소의 위치를 보여 준 구체적 예와 그 풀이를 다음 페이지에 나타낸다).

7개소 정도라면 이 정도로서 끝나지만 만일 이것이 10개소가 되

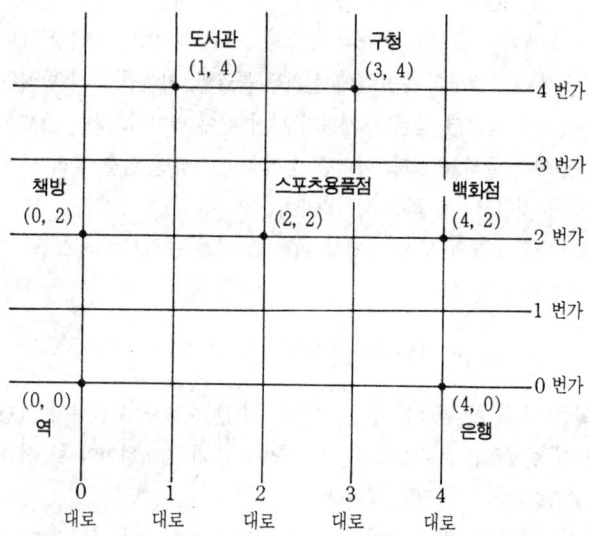

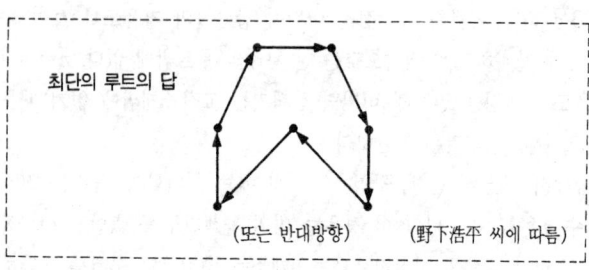

역에서 출발해서 전부를 도는 최단코스는 어느 것?

면 선택지의 수는 181만 4천 4백 가지. 컴퓨터의 도움을 빌리지 않는 한 이들 각 루트의 소요거리(또는 소요시간) 전부를 샅샅이 체크하는 것은 거의 불가능하다. 그리고 선택지의 수는 $n$이 15정도로서 $10^{12}$ 이상으로 되어 이미 컴퓨터의 한계를 넘어 버린다.

## 시간이 너무 걸려 풀이를 구할 수 없다!

수에 대한 독특한 에세이집(集)의 저자인 라인즈는 '가령 미합중국의 48주도(州都)라면 어떻게 될 것인가?'라고 묻고 $n$이 48의 경우를 생각하고 있다. 50주도로 하지 않은 것은 비행기편을 싫어해서 하와이와 알래스카가 제외되어 있을 것이다. 다음은 라인즈의 설명이다.

세일즈맨이 하나의 주도를 출발하여 다른 47주도를 돌고 돌아온다고 한다. 별로 "깊은 고찰"을 하지 않아도 $47! \times \frac{1}{2}$의 루트가 있다는 것을 알 수 있다. 그것은 약 $1.3 \times 10^{59}$이다. 1초에 이러한 100만 개의 루트를 설정할 수 있는 컴퓨터를 사용하면, 전부 끝나는 데에는 $4 \times 10^{45}$년이 걸리게 된다. 그것은 우주의 연령의 $10^{36}$배에 해당한다.

요컨대 이러한 것이다. 순회 세일즈맨의 문제에는 확실히 일의적으로 결정되는 풀이가 존재한다. 또 그것을 구하는 자명한 알고리듬(풀이를 구하는 순서)도 존재한다. 그러나 현실적으로 그것을 실행하는 데에는 너무나도 시간이 많이 걸리고 실제로 풀이를 구할 수는 없다!

물론 여러 가지 방법을 구사함으로서 계산시간을 단축하는 것은 충분히 가능하다. 라인즈의 예로 말하면 '선형(線型)계획법'이라 부르는 수법을 사용해서 그 정확한 최적 루트가 이미 1948년의 단계에서 얻어지고 있다. 또 $n$이 100정도까지라면 개개의 경우에 대해서 실험적으로 잘 푸는 방법이 보고되어 있다고 한다.

그러나 맹렬 세일즈맨이 손수 다루고 있는 몇 천 명이라는 고객 리스트가 되다 보면 계산시간은 폭발적으로 증가해 버리기 때문에 도저히 감당할 수 있는 문제로 되지 않는다.

순회 세일즈맨의 문제와 마찬가지의 사태에 조우하는 문제는 많이 알려져 있다. 예컨대 여러 가지 크기의 하물(荷物)을 규격품의 골판지상자에 채우는 경우 최저 몇 개의 골판지상자를 준비하지 않으면 안되는가 하는 '상자 채우기의 문제', 과목과 교사와 학생의 데이터가 주어져 있고 그것을 기초로 해서 모두가 가장 만족할 수 있는 시간표를 만들라고 하는 '할당의 문제', 수학적으로 가장 단순한 것으로는 유한개의 정수(整數)가 주어졌을 때 그들을 크기의 순으로 배열하라는 문제도 개수에 따라서는 마찬가지 번거로움을 수반하는 문제의 좋은 예이다.

순회 세일즈맨의 문제에 있어서의 도시의 수, 상자 채우기의 문제에서의 하물의 수 등등을 '사이즈'라 부르기로 한다. 이들의 문제를 푸는 것이 곤란한 이유는 사이즈가 커짐에 따라서 계산의 번거로움이 급격히 증대하고 따라서 계산 시간도 도리에 맞지 않는 데까지 상승하는 점에 있었다.

### $P$문제와 $NP$문제

문제의 곤란성은 사이즈와 그 경우의 모든 가능한 조합에 대해서 요구되고 있는 값을 산출하는 데에 필요한 컴퓨터의 계산 시간과의 관계에 의해서 특징지을 수 있다. 계산 시간이 사이즈의 증대와 더불어 다항식적(多項式的)으로 상승하는 형태의 문제는 「$P$문제」라고 부른다. $P$문제의 $P$는 Polynomial time(다항식 시간)의

II. 새로운 수학의 미해결문제  121

풀렸다! 자네는 아직도야?

머리문자이다.

 조금 더 정확히 말하면 어떤 루트(또는 채우는 방법 등등)에 대해서 그것이 최적해(最適解)인지 아닌지를 판정(결정)하는 절차를 문제로 하고 이것을 '판정 알고리듬'이라 부른다.

 사이즈 $n$의 문제에 대해서 지금 어떤 양의 실수 c, d가 존재하고 계산시간이 $cn^d$ 이하에서 YES냐 NO냐의 판정을 내릴 수 있다면 이것을 특히 '다항식 시간판정 알고리듬'이라 한다. 그리고 이 다항식 시간판정 알고리듬으로 풀리는 문제가 $P$문제인 것이다.

 그러나 앞에서 든 예에 대해서 말하면 현재로서는 모든 문제에 대해서 이러한 특별한 알고리듬은 발견되고 있지 않다. 앞에서 7개소를 순회하는 순회 세일즈맨 문제의 구체적인 예를 생각해 보았지만 그러한 형태의 문제를 푸는 데에는 샅샅이 조사해 가는 것보다는 조금 머리를 짜서 말하자면 일종의 "직감력(육감)"을 발휘하는 편이 훨씬 빨리 정해(正解)가 발견되는 것이다.

이러한 경향은 일반적인 것으로 "직감력"의 발휘까지 포함시키면 앞에서 거론한 여러 가지 문제도 그 하나의 구체적 예를 끄집어 낼 수 있는 것이기 때문에 $P$문제로 환원할 수 있다. 즉 "직감력"에 의해서 선출한 하나의 후보에 한정된 것이라면 $cn^d$ 이하의 계산시간으로 최적인지 아닌지를 판정할 수 있는 것이다.

"직감력"은 반드시 결정적인 것은 아니기 때문에——착각은 일상 다반사이다——"직감력"이 얽힌 알고리듬은 '비결정성(非決定性)'의 알고리듬이라 부른다. 그래서 비결정성 다항식 시간판정 알고리듬으로 풀리는 1군의 문제를 생각하게 되고 이것은 「$NP$문제」라 칭한다. $NP$란 non-deterministic polynomial time(비결정성 다항식 시간)의 머리문자이다.

$NP$문제의 정의에서는 실제의 최적해를 주는 알고리듬에 대해서는 아무것도 언급되어 있지 않다. 그러나 개략적인 이미지로서는 이러한 문제는 그것을 푸는 데에 컴퓨터 계산의 소요 시간이 사이즈의 증대에 수반해서 지수함수적으로 상승하는 문제라고 생각해도 될 것이다.

### 지수함수의 마(魔)

지수함수란 $2^n$과 같은 형태로 표시되는 것으로 이 값은 $n$의 증대와 더불어 기하급수적으로 증가한다. 한 예를 들면 대장균의 번식이 그 전형이다.

예컨대 실험실에서 최적조건이 부여된 대장균이 20분에 1회의 비율로 무제한으로 분열을 반복했다고 하자. 이 속도를 유지하면서 번식을 계속해 간다고 하면 한 마리의 대장균이 20분 후에는 2마리가 되고 40분 후에는 4마리 1시간 후에는 8마리라는 상태로 증가되어 간다. 그러면 24시간 후에는 몇 마리 정도가 된다고 생각하는가? 답은 무려 50000000000000000000000마리이다. 이것이 지수함수의 무서움이다.

다항식이라면 물론 이러한 미치광이와 같은 증식방법은 하지 않는다. 지금 $n^2$의 계산 시간을 필요로 하는 "좋은 알고리듬"과 $2^n$의 계산 시간을 필요로 하는 "나쁜 알고리듬"이 있었다고 하자. 예컨대 사이즈가 100의 문제의 경우 양자가 계산을 끝낼 때까지의 소요 시간의 비는 $100^2:2^{100}$으로 된다. 이 비는 실제로는 약 1 대 $10^{26}$에 거의 같은 수이다. 즉 좋은 알고리듬이면 1초에 답이 나오는 것을 나쁜 알고리듬은 10억 년의 10억 배 이상의 시간이나 걸려서 연속계산을 수행하지 않으면 안되는 것이다.

이와 같이 NP문제에 비하면 P문제는 매우 다루기 쉬운 성질을 가지고 있다. 만일 NP문제를 P문제로 환원할 수 있다면 이보다 더한 행운은 없다. 세일즈맨도 떳떳하게 웃을 수 있는 것이다.

### 1점 돌파, 전면전개는 가능한가?

정의로부터 P문제는 NP문제의 일부이다. 그러면 NP문제 속에는 P문제의 등급에 속하지 않는 것과 같은 것이 존재하는 것일까? 그렇지 않으면 NP문제도 결국은 P문제의 등급의 1부가 되고 최종적으로는 양자의 일치가 보여지는 것일까? 즉

$$P=NP?$$

이것이 금세기 최대의 미해결 문제라고 일컬어지는 PNP문제인 것이다. 어느 수학자——물론 일본인이지만——'다항식'의 일본어의 머리문자인 $T$를 따서 P문제를 T문제라고 바꿔 읽어 「PNP문제는 TNT폭탄이다」라고 말하고 있었다. 확실히 TNT폭탄 1억개분 정도의 위력이 이 문제에는 간직되어 있는지도 모른다.

이것으로 구멍을 뚫을 수 있을까?

수학기초론의 다케우치 가이시(竹內外史), 일리노이대학 교수는 이 문제에 언급해서 예언적으로 다음과 같은 감상을 말하고 있다.

 수학의 역사에는 페르마의 문제라든가, 리만 예상이라든가 그 문제의 중요성 외에 그 문제가 갖고 있는 마력과 같은 것이 있어 그 마력이 수학의 역사를 움직여 간다는 느낌도 있다. $P=NP$문제는 수학을 진전시키는 큰 힘을 가진 문제라는 것만은 틀림없다고 나는 생각한다.

페르마의 문제, 리만 예상, $P=NP$문제, 이것이 현대수학이 도전하고 있는 미해결 문제의 "정수(精髓)의 유명한 세 가지"인 것이다.

그와 관련해서 $P=NP$문제의 참된 의미를 이해하기 위해서는 1971년에 토론토대학의 스티븐 A 쿡이 제출한 「$NP$완전문제」의 개념을 아무리 해도 언급하지 않을 수 없다. $NP$완전문제란 어떤 특별한 성질을 갖는 $NP$문제의 1종이지만 이 개념이 중요한 것은 다음의 사항이 $NP$완전의 정의로부터 자동적으로 나오기 때문이다. 즉

「$NP$완전문제가 $P$의 등급에 속할 때 동시에 그때에 한해서 $P=NP$가 성립한다.」

요컨대 $P=NP$ 문제라는 대문제도 1점이 돌파되면 전면전개가 가능하다고 하는 것이다. 그러나 그 1점 돌파가 어렵다. 고작 1점, 그러나 1점인 것이다. 또는 어딘가에서 발상을 일전(一轉)하지 않으면 그 좋은 1점은 잡을 수 없는 것인지도 모른다.

## 3. 카오스와 프랙털(fractal)

**순수수학은 쓸모가 있다?**

수학은 정말 자연과학인가라는 논의가 있다. 컴퓨터의 응용을 포함해서 도구(道具)로서의 수학이라면 그 이용가치를 의심하는 사람은 설마 없을 것이다. 그러나 순수수학이 되다 보면 이야기는 바꾸어 버린다.

예컨대 리만 예상이나 페르마 문제가 풀렸다 해도 그것이 그대로 자연 현상의 해명에 연결되는 것은 아니고 하물며 인간사회에서의 문제 해결에 도움이 되는 것도 아니다. 푸앵카레 예상이나 대수다양체의 분류에 대해서도 사정은 전적으로 같다.

히로나카 헤이스케(廣中平祐) 박사가 대수다양체의 특이점 해소 문제를 풀었을 때 일부 수학자 사이에서는 '이러한 문제가 풀렸다고 해도 아마 아무런 응용도 나오지 않을 것이다'라고 말한 소문을 속삭였다고 듣고 있다. 지금 와서 생각해 보면, 이것은 객관적인 평가라고 하기보다는 오히려 일종의 시샘이나 질투로부터 나온 것 같다.

그것의 증거로서 이 대정리는 그 뒤, 실로 광범위한 분야에서 활용되고 수학적 발전의 큰 기둥의 하나로 되어 있다. III부에서 상세하게 언급하는 바와 같이 고차원 대수다양체의 분류 이론이라 해도 히로나카 박사의 성과를 대전제로 하지 않으면 이야기가 시작되지 않을 정도이다. 그러나 그러하더라도 역시 순수수학의 내부에서의 사정이고 특이점 해소 이론이 가까운 자연 현상의 해명에 응용되었다고 하는 이야기는 유감스럽게도 들은 적이 없다.

결국 순수수학의 세계는 그 지나친 순수성 때문에 자기 자신 속에서 "닫고 있다"라는 면을 다분히 갖고 있다. 이 책에서 소개하고 있는 현재도 아직 미해결의 문제의 가지가지라 해도 그 거의 모두는 수학 속에서 태어나 수학자만이 흥미를 돋구게 되는 종류의 문제라고 말해도 좋을지 모른다.

그런 의미에서는 수학을 자연과학──자연현상을 해명하는 과학──이라고는 인정하지 않는 논자에게도 약간의 이치는 있는 것 같다. 다만 수학자 자신은 이 점에 대해서 상당히 낙관적인 전망을 갖고 있는 사람이 대부분인 것 같다.

실제 무리수든, 복소수든 또는 '군'이나 '힐베르트 공간'이든, 최초는 순수하게 수학내부에서의 요청으로서 탄생된 개념이면서 그 뒤 생각지도 않은 곳에서의 "응용"이 발견되었다.

### 생각지도 않은 응용이──

조금 상세하게 설명한다면 군론(群論)은 당초 5차 대수방정식에 대수적 해법이 존재하지 않는 것을 보여 주기 위해 갈루아에 의해서 도입된 말하자면 가공(架空)의 개념이었던 것이다. 그러나 군에 대한 사고방법은 사실인 즉 자연계에 있어서의 시메트리(symmetry, 대칭성)의 현상의 본질을 짐작해서 알아맞힌 것이라는 것이 그 뒤 명백하게 되었다. 그리고 현재로서는 물리학으로는 군론적 발상은 필요불가결한 사고 방법으로 되어 있다.

힐베르트 공간일지라도 마찬가지여서 이 무한의 차원을 갖는 개념이 자연계에 구체적인 모델을 가질 것이라는 등 도대체 누가 상상할 수 있었을까. 그런데 양자(量子)의 세계는 바로 그러한 세계였던 것이다.

이래저래 많은 수학자는 자기가 연구하고 있는 것이 현실 세계에 있어서 무슨 도움이 되는가라는 질문은 처음부터 방기해 버리고 있다. 언젠가는 기필코 더 진보된 물리학이나 그 밖의 자연 과학에 응용 분야가 열릴 것임에 틀림없다고 하는 암묵의 기대가 있기 때문이다.

나 자신은 수학자의 이러한 태도에 공감을 느껴 버리는 것이나 이것은 자칫하면 낡은 형태의 사고방식인지 모른다고 최근에는 반성하게 되었다. 그 계기는 1980년대 이후 폭발적으로 발전한 카오스와 프랙털의 이론에 있다.

### 아웃사이더에서 본류(本流)로

카오스이든 프랙털이든 원래는 순수 수학의 본류로부터는 상당히 떨어진 곳에서 생긴 개념이다. 더 정확히 말한다면 이들 개념은 바로 자연현상을 해명하려고 하는 노력 속에서 탄생하였다.

카오스 이론에 대한 초기의 연구자의 대부분은 지구물리학, 전자공학, 생물학, 천문학이라고 하는 "실(實)"의 세계의 전문가들이었던 것이다.

수학자 중에도 강한 관심을 가진 사람들이 있기는 있었다. 그러나 그들은 어느 쪽인가 하면 "본류"에는 속하지 않는 아웃사이더로 극단적으로 말하면 수학적으로는 '아마추어'라고조차 얕보이고 있었던 것 같다. 한편 프랙털의 이론의 창시자 브누아 만델브로가

IBM의 연구원이었던 것은 잘 알려져 있는 사실이다.

이와 같이 한때는, 어느 쪽인가 하면, 경시되기 쉬웠던 카오스와 프랙털이었으나 1970년대 후반 무렵부터 상황은 급속히 변화해 갔다. 이것에는 주로 두 가지 이유를 생각할 수 있다고 생각한다.

하나는 컴퓨터 사이언스의 발전이다. 성능이 높아지고 동시에 다루기 쉬워진 컴퓨터가 이들 현상에 관한 데이터를 양산한 결과 "내부의 세계"에 틀어박히는 경향이 있던 순수 수학자들의 상상력도 저절로 부추겨져 갔던 것이다.

또 하나의 이유로서는 상세히는 언급하지 않겠으나 수학 내부에서의 사정을 생각할 수 있다. 특히 미분방정식론에서 발전한 '역학계'라 불리는 연구분야——이것은 순수 수학의 본류의 하나에 속한다——의 성숙이 카오스나 프랙털의 문제를 거론하는 기운(機運)을 높였다.

이리하여 1980년대에는 카오스와 프랙털의 대성황을 맞이한다. 몇 천이나 되는 엄청난 논문이 쓰여지고 그것을 기록한 문헌목록만으로도 두꺼운 전화번호부처럼 되었다. 연구자의 수도 잇달아 늘어났다. 보편성을 구가하는 수학이지만 역시 인간의 영위(營爲)인 이상 유행에는 역행할 수가 없다는 것인지도 모른다.

### 카오스란 무엇인가?

내가 카오스에 대해서 처음으로 들은 것은 1977, 8년경이었다고 생각한다. 지금은 이미 작고한 지구물리학의 쓰보이 츄지(坪井忠二) 선생, 그리고 양자역학의 에자와 히로시(江澤洋), 학습원대학교수, 히로나카 박사의 세 사람으로부터 과학이나 교육에 대해서 이야기를 들은 적이 있었다. 그 자리에서 히로나카 박사로부터 '카오스라는 것이 지금 가장 재미있다'라는 이야기를 들은 것이다.

카오스 현상에 관한 최초의 본격적인 연구보고를 행한 것은 기상학자인 로렌츠였다. 그이는 기상현상을 모델화하는 가운데 결정론적인 방정식의 풀이가 매우 불규칙한 움직임을 하는 것을 발견한 것이다. 그이가 발견한 현상은 오늘날에는 '로렌츠 어트랙터'라 부르고 있다. 1963년의 일이다.

이야기가 뒤바뀌어 버렸는데 로렌츠 어트랙터처럼 방정식의 풀이가 매우 복잡하고 동시에 불규칙, 불안정하여 예측도 할 수 없는 움직임을 하는 현상을 '카오스'라고 부른다. 방정식의 풀이는 일의적으로 결정되는 것이기 때문에 통상 우리들의 상식으로는 거기에는 분명한 규칙성이 나타나는 것이 당연한 것처럼 생각된다. 그러나 카오스의 경우 '초기조건'이나 '경계조건'이라고 부르는 입력(入力, input)의 값을 극히 약간 바꾼 것만으로도 이전의 것과는 전혀 다른 움직임을 하는 경우가 있고 더구나 어떠한 움직임이 나타나는가는 실제로 해보지 않으면 예측할 수 없는 것이다.

## 잊혀진 논문

로렌츠의 기념할 만한 논문은 그러나 기상학의 전문지에 발표된 일도 있었는데 수학자는 물론 이론물리학자의 눈에 띄는 일도 없이 10년간 도서관 깊숙한 곳에서 계속 잠잤다.

이 논문의 "발견자"가 되고 '카오스'라는 특출한 명명을 창안한 것이 리와 요크이다. 그들의 논문은 「주기(周期) 3은 카오스를 의미한다」라고 제목을 붙여 1975년에 발표되고 있다. 또 카오스 이론 융성(隆盛)의 또 하나의 계기로도 된 곤충학자 메이의 논문 「매우 복잡한 다이내믹스를 가진 간단한 수학모델」이 발표된 것이 다음해인 76년의 일이다.

II. 새로운 수학의 미해결문제 *131*

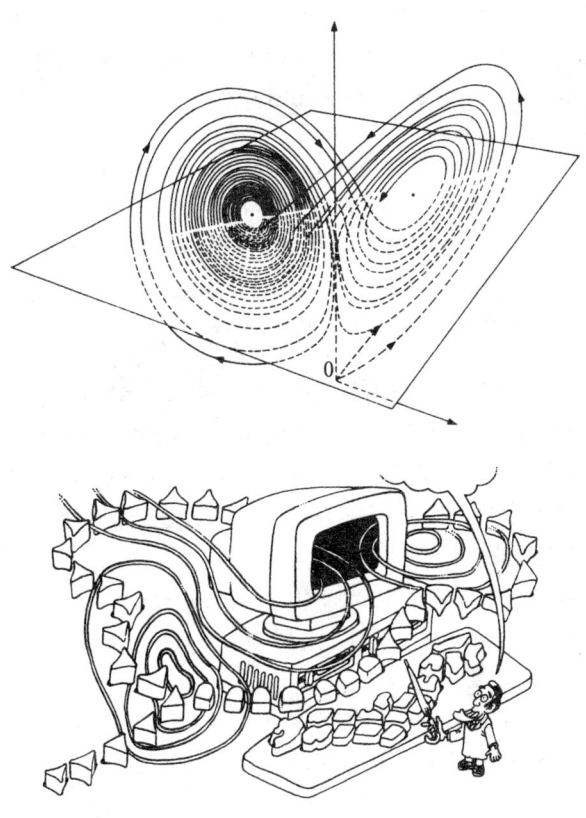

로렌츠 어트랙터.

### 라플라스의 악마

자연현상에 대한 수학의 응용은 한때 결정론적 모델에 바탕을 두고 있었다. 그 사상의 에센스는 예컨대 다음과 같은 라플라스 (1749~1827)의 말 속에 여실히 보여지고 있다.

어떤 순간에 우주에 작용하는 모든 힘과 모든 사물의 위치를 알고 그 데이터를 다 분석하여 최대의 천체로부터 최소의 원자에 이르기까지 운동을 모두 하나의 식으로 적어서 나타낼 수 있는 지성이 있었다고 하면 그 지성으로서 불확실한 것은 무엇 하나 없고 미래는 과거와 똑같이 알려질 것이다.

요컨대 방정식(구체적으로는 미분방정식이라고 부르는 것)과 초기조건이 주어져 있으면 삼라만상(森羅萬象), 세상의 시작부터 종말까지 모든 사건이 결정론적으로 정해질 것이라는 주장이다. 그리고 여기서 말하는 모든 것들을 다 안 '지성'에 대한 것을 후세의 사람들은 '라플라스의 악마'라고 불렀다.

라플라스의 악마의 세계는 완벽할지는 모르나 매우 지루하다. 자연계가 그러한 지루하기 짝이 없는 세계는 아니라는 것을 카오스 현상은 실증해 보인 셈이다.

오늘날 카오스의 연구는 수학자, 컴퓨터 사이언티스트, 물리학자, 화학자, 생물학자 등등이 한 덩어리가 되어 추진되고 있다. 자연현상과의 대응이라는 관점에서 특히 주목을 모으고 있는 것이 우주, 일렉트로닉스, 화학반응, 양자광학, 게다가 생태학이나 뇌생리학의 분야이다.

### 혼돈 속에 규칙은 있는가?

그러면 카오스의 중심적인 미해결 문제란 무엇인가라고 질문을 받으면 이것을 한마디로 말하기에는 나로서는 도저히 역량부족이다. 그러나 굳이 말한다면 '카오스의 모든 것이 미해결 문제인 것이다'라고 단언해도 크게 틀리지는 않을 것이다.

물리수학의 아이자와 요지(相澤洋二), 와세다대학 교수의 흥미있고 동시에 함축성 있는 발언이 있기 때문에 그것을 가지고 카오스 문제의 총괄에 대신하고자 생각한다.

규칙적인 진동현상에 비교하면 카오스적인 복잡한 변동은 놀랄 만큼 풍부한 정보를 포함하고 있다. 이제까지 원인 불명의 노이즈(noise)로서 버려져 있던 것도 그것은 카오스라고 생각함으로써 숨은 법칙성을 발견하는 실마리가 된다.

아직 완전하게는 성공되어 있지는 않으나 뇌파나 X선 펄서(pulsar)의 카오스적 시계열(時系列) 정보에서 뇌나 별의 내부 구조의 지견(知見)을 얻으려고 하는 시도는 그 하나이다. 종전의 시계열 해석(解析)을 초월하여 배후에 있는 역학법칙의 일부라도 예측할 수 있게 된다면 커다란 진보이다.

다음은 프랙털이다.

## 나그네는 목적지에 당도할 수 있는가?

지금 영국의 톱날처럼 깔쭉깔쭉한 해안을——물론 리아스식 해안(Rias식 coast)이라도 좋으나——해안선을 따라서 도보여행을 하고 있는 기특한 하이커(hiker)가 있었다고 하자. 여기서 '해안선을 따라서'라는 것은 문자대로의 의미로 한다. 즉 이 하이커는 길 없는 길을 전진하지 않으면 안되는 셈이다.

A지점에서 B지점까지로 하고 지도로 그 직선거리를 쟀더니 30킬로미터였다고 하자. 하이커가 시속 4킬로미터로 쉬지 않고 걷는

다 하고 아침 9시에 A지점을 출발하면 몇 시에 B지점에 당도할 수 있을까?

저녁 5시? 유감이었다. 그 무렵에는 하이커는 아직 A지점에서 '직선거리로서' 10킬로미터가 되지 않는 지점밖에는 없었다. 어디선가 앉아서 존 것은 아니고 그는 일정 페이스로 계속 걸었는데도 왜 그렇게까지 늦어 버린 것일까?

답은 이미 알고 있을 것이다. 문자대로의 의미로 해안선을 따라가면 그 거리가 직선거리의 몇 배나 되는 법이다. 실은 더욱더 충실하게 해안선의 깔쭉깔쭉을 따라가면 그 거리는 결국은 무한대로 되어 버리는 일도 있다.

### 프랙털 도형의 길이는 측정할 수 없다?!

다음 페이지에 보여 주는 도형이 그 전형이다. 이것은 1906년에 판 코흐가 구성한 곡선으로 유한의 면적을 둘러싸는 무한대의 길이의 곡선의 예로 되어 있다. 통칭 '설편(雪片)곡선'이라 한다. 이 명칭은 아마 전해들은 적이 있을 것이다.

설편곡선은 가장 오래전부터 알려져 있던 프랙털의 일종이다. 프랙털이란 한마디로 말하면 '아무리 확대해도 깔쭉깔쭉한 것이 없어지지 않는 도형'이라고 표현해도 될 것이다. 이 개념은 앞에서 말한 것처럼 만델브로가 1970년대 후반에 정의하고 보급시켰다. 언어자체는 라틴어의 프랙터스 Fractus(불규칙)에 유래한다던가.

프랙털 도형에서는 위에서 본 바와 같이 길이를 통상의 자로 측정할 수 없다. 바꿔 말하면 보통의 의미에서의 1차원의 곡선으로는 되어 있지 않은 것이다. 그러나 평면이 되는 것은 아니기 때문에 2차원에는 미치지 못한다.

그래서 만델브로는 그 중간의 차원, 예컨대 1.44차원 등이라고

II. 새로운 수학의 미해결문제   135

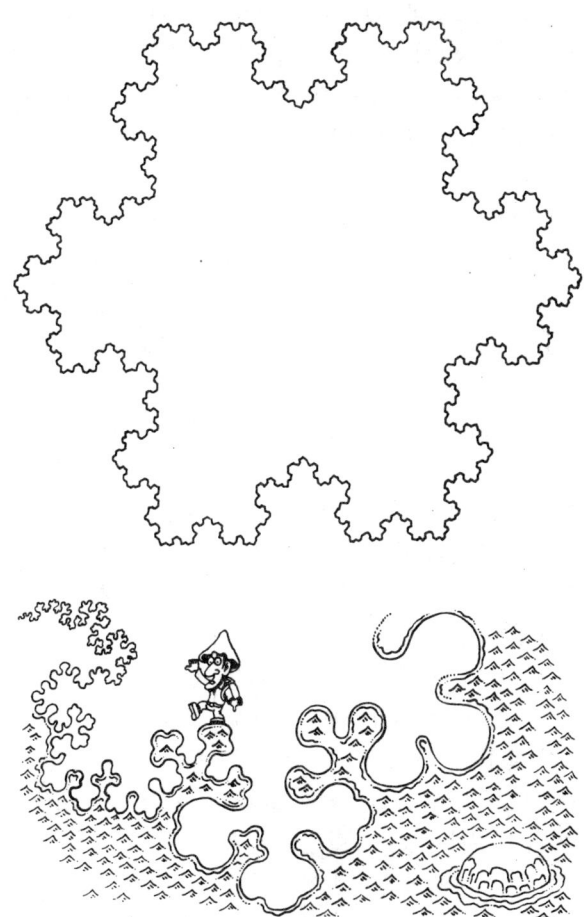

코흐의 설편곡선(위). 영원히 일주할 수 없다?

한 전혀 새로운 차원의 개념을 도입하였다. 이것이 '프랙털 차원'이라 부르는 것이다. 정확한 정의는 다른 책에 양보하겠으나 프랙털 차원의 요점은 그 도형을 어느 배수만큼 확대하였을 때 길이가 몇 배로 되는가에 착안한 점에 있다.

### 프랙털한 것이야말로 자연이다.

이와 같이 개념을 명확히 해두면 곡선뿐만 아니고 곡면이나 입체 또는 더 일반적으로 $n$차원 공간 속에서의 프랙털 도형(圖形)을 구성하고 그 도형에 걸맞는 프랙털 차원을 도입할 수 있다.

프랙털도 카오스와 마찬가지로 1980년대에 폭발적인 유행을 보았다. 수학적으로 흥미를 갖게 된 것은 그것이 이전부터 "병적(病的)인 도형"으로 생각되고 있었던 설편곡선과 같은 도형에 전망이 좋은 자연스런 해석을 부여할 수 있었기 때문이다.

이러한 도형의 예로서는 설편곡선 이외에도 1872년에 바이어슈트라스가 구성한 어느 점에서도 미분가능하지 않은 연속함수나 1890년에 페아노가 만든 정방형 내부의 모든 점을 통과하는 곡선—— 소위 페아노 곡선——등이 알려져 있었다.

미적분을 아는 사람이라면 '도처에 미분불가능한 연속함수'라는 것이 얼마나 부자연스런 존재로 보였는가는 상상할 수 있을 것이다. 그런데 만델브로는 여기에 합리적인 해석을 붙여 조금도 부자연스럽지 않다는 것을 보여 준 것이다.

프랙털에 관심이 집중된 것은 아무것도 수학적인 의미에서만은 아니다. 아니 오히려 비수학적인 이유 쪽이 우선하였다고 말해야 될 것일까. 그 비수학적 이유란 자연계의 도처에 프랙털의 실례가 철철 넘치고 있었다는 것이다.

인간의 폐, 대뇌, 장벽(腸壁)도 프랙털이고 식물의 가지, 잎줄기

II. 새로운 수학의 미해결문제  *137*

프랙털 도형의 예(만델브로 도형). (야마구치 마사야, 『카오스와 프 랙털』에서).

도 그러하다. 지구나 화성의 연달아 솟아 있는 산, 토성의 고리 등 등 일일이 거론하면 끝이 없다. 즉 프랙털이라는 관점에서 세계를 바라보면 눈에서 비늘이 떨어진 것처럼 여러 가지의 것이 보여 온다는 것이다.

### 무엇이 나오는가? 그것이 문제다!

프랙털은 그 뒤 카오스 현상 속에 나타나는 「어트랙터」라 부르는 "도형"에도 수많이 발견되고 여기에 카오스와 프랙털이 합류하여 현재 가장 활발한 연구분야가 탄생하게 되었다.

그러나 프랙털과 원래의 수학과의 연관에 대해서는 아직도 미지의 부분이 많고 수학 자체의 문제 해결에 프랙털적 사고가 어떻게 활용되는가에 대해서는 지금으로서는 거의 아무것도 모른다는 것이 현상황이다. 그래서 오히려 여기에야말로 프랙털의 미해결 문제가 있다라고 나는 생각하고 있다.

아무튼 카오스와 프랙털은 수학에 전혀 새로운 견해를 도입하여 미해결 문제의 신차원을 차츰 열고 있다. 그 최대의 특징이 현실의 자연과의 깊숙한 관계에 있다는 것은 말할 것까지도 없다. 수학은 바야흐로 자연과학에 "이상(異常)접근"하며 자연과학의 여러 분야도 수학 속에 "난입"해 오고 있다. 여기서는 벌써 '수학은 정말로 자연과학인가' 등이라고 한 질문은 통용되지 않는다.

수학과 자연과학과의 "카오스화(化)"만이 바로 현대 수학의 한 쪽의 극(極)에서 일어나고 있는 현실인 것이다.

# 4. 페르마의 문제는 어디까지 풀렸는가?

### 미해결 문제의 "북두칠성"

수학의 미해결 문제는 별의 수만큼 있다. 그 중에서도 가장 유명한 것이라고 하면 뭐니뭐니 해도 제일 먼저 생각나는 것이 이「페르마의 문제」이다. 별자리에 비하면 이 문제는 누구나가 알고 있는 북두칠성에 비유해도 될 것이다.

그 특징적인 형태든 구상의 웅대함이든 이 비유는 딱 들어맞는다고 생각한다. 그리고 만일「리만 예상」을 카시오페이아 자리에 비유한다면 양자가 북극성이라는 공통의 표적으로 연결되어 있는 점에서도 이 비유는 정곡을 찌르고 있다.

그러면 이들 두 개의 별자리가 가리키고 있는 북극성이라고 하는 부동의 위치란 수학적으로는 무엇을 의미하고 있는가 하면 그것이야말로 대수기하를 필두로 하는 여러 가지 수학 체계의 대통일(大統一) 이론 바로 그것이다. 역으로 말하면 이들의 통일이 달성되어서 비로소 두 별자리의 위치를 확정할 수가 있고 두 개의 초난문의 해결도 가능하게 되는 것이다.

### 겉보기는 단순하다

페르마의 문제는 별명 '페르마의 대정리'라든가 '페르마의 최종정리'라고도 부르고 있다. 자못 과장된 명칭이지만 문제 그 자체는 매우 소박한 형태로 정식화할 수 있다. 즉 이러하다.

「$n$을 2보다 큰 자연수 (3, 4, 5, ……)로 한다. 이때

$$x^n + y^n = z^n$$

을 충족하는 자연수 해 $(x, y, z)$가 존재하지 않음을 나타내 보여라.」

덧붙여 말하면 이 책에서는 자연수를 관례에 따라 0을 포함하지 않는 1, 2, 3, …… 이라는 수의 집합의 의미로 사용하고 있다. 0까지 포함시켜 생각하는 부르바키류의 수학에 친숙한 독자는 이 점 주의하기 바란다.

아무튼 정말 단순한 형태를 하고 있어 전문적인 지식이 없어도 이 문제의 의미는 한눈으로 알 수 있다. 페르마의 문제가 옛부터 아마추어 수학팬의 우상으로서 인기의 표적이 되어 온 까닭이다.

이 문제에 대한 세간의 관심이 얼마나 높은가를 증명하는 것처럼 몇 년에 한 번은 반드시 '페르마의 문제, 드디어 해결!'이라는 소문이 날 정도이다. 그것도 사람들이 막 잊어 버리려고 하는 무렵에 알맞게 소문이 나는 것이기 때문에 도쿄의 지진과 같은 것이라고 해도 좋을지도 모른다.

### 풀리면 큰 뉴스가 되는데……

최근의 예로는 1983년과 1988년에 그러한 소문이 매스컴에 흘러 대대적으로 보도되었기 때문에 세계가 벌집을 쑤신 것처럼 대

소동이 일어났다.

특히 1988년의 경우에는 당시 서독에 체재하고 있던 젊은 일본인의 대수기하학자가 와중(渦中)의 인물로 되었기 때문에 각 신문이 앞을 다투어 빅 뉴스로서 특종기사 취급을 한 것은 아직도 기억에 새로운 것으로 생각한다. 이 "사건"에 대해서는 뒤에 상세히 그 경위를 설명하기로 하자.

이 뉴스가 매스컴을 씨끄럽게 하고 있던 바로 그 무렵 나는 마침 히로나카 헤이스케 교수와 같은 택시에 합승하여 저녁시간의 러시(rush)에 휩쓸려 버린 일이 있었다. 도쿄 명물인 교통체증이다. 자동차는 전혀 움직이지 않는다. 그래도 교수는 아주 좋아하는 씨름의 라디오 중계에 열중하고 있었다. 그것을 잠깐 실례하여 페르마 문제 해결의 뉴스를 어떻게 생각하는가라고 여쭈어 본 것이다.

교수의 대답은 대개 이러하였다.——페르마의 문제는 현재 '거의 항상 옳다'라고 하는 것을 보여 주고 있다. 그 '거의'라는 말을 아직 제거하지 못하는 곳에 이 문제의 핵심이 있다. 그러나 증명이 되어도 조금도 이상하지 않은 곳까지 문제는 해결에 접근하고 있다.

다만 가령 증명이 되었다고 일컬어도 수학자는 그것을 엄밀히 체크해서 자기가 납득할 때까지는 확신을 갖고 '풀렸다'라고는 말하지 않는 법이다. 나는 아직 논문을 보지 못했기 때문에 적절한 논평은 할 수 없다……운운.

그때 히로나카 교수의 이 말을 듣고 공부를 하지 않는 나는 그만 사승(師僧)이 지르는 부추김소리에 빠져든 어린 중의 심경이 되어 버린 것이다. 그도 그럴 것이 첫번째로는 평소 과학의 최첨단 뉴스를 쫓는 일을 맡고 있으면서 사실은 새로운 사실의 진위를 보고 판정하는 자기체크의 기능을 아무것도 갖추고 있지 않은 자신을 깨달았기 때문이다.

그러나 이것은 별로 방법이 없는 일일 것이다. 가장 충격적이었던 것은 두번째의 이유이다. 즉 나는 페르마의 문제에 대해서 현대 수학에서조차 아직 전혀 손을 댈 수 없는 초난문이고 따라서 역으로 말하면 아마추어의 수학팬에 있어서의 영원한 즐거움 정도의 이미지밖에는 갖고 있지 않았던 것이다.

내가 그렇게 믿고 있었던 것에도 이유가 없는 것은 아니다. 여기서는 우선 수학사상의 유명한 에피소드를 두 가지 정도 소개해 두면 독자도 나의 인식의 얕음을 웃고만 있을 수는 없게 될 것이다.

### 가우스의 패배

하나는 저 수학의 제왕 카알 프리드리히 가우스에 얽힌 이야기이다.

가우스의 옛부터의 편지왕래 동료의 한 사람인 브레멘의 아마추어 천문학자 하인리히 올버스(1758~1840)가 가우스에게 이 문제를 풀 것을 권유한 일이 있었다. 일설에 따르면 파리의 과학 아카데미가 이 문제를 현상문제로서 선정한 것을 알게 된 올버스가 가우스에게 현상금벌이의 "떼돈벌이"를 제안한 것이라고도 한다.

가우스도 한때는 그럴 마음이 있었는지도 모른다. 그러나 가우스 정도의 거장이다. 곧 이 문제의 참된 무서움을 알아차렸을 것이다. 서둘러 전선(戰線)에서 이탈해 버린다. 유쾌한 것은 그때의 내뱉는 말이다. 실질적으로는 패배선언이었으나 깨끗이 '패배했다'라고 말하지 않는 곳에 자못 이 노회한 거장의 면목에 어울리는 것이 있다. 1816년 3월의 날짜가 찍힌 올버스 앞으로 보낸 편지에서 가우스는 이렇게 말하고 있는 것이다.

파리의 현상문제에 대한 보고, 매우 감사했습니다. 그러나 나로서는 페르마의 문제는 고립된 것이라고 생각되기 때문에 그다지 흥미가 없습니다. 왜냐하면 증명도 할 수 없으면 부정도 할 수 없는 것과 같은 명제라면 얼마든지 간단히 정식화할 수 있기 때문입니다.

확실히 현재로는 증명도 할 수 없고 부정도 할 수 있을 것 같지도 않은 문제의 존재가 많이 알려져 있다. 그러나 가우스가 페르마의 문제 이외에 어떠한 실례를 알고 이러한 편지를 썼는지 그것을 알 방법은 유감스럽게도 없다.

가우스가 페르마의 문제를 '고립된 것'이라고 생각한 것은 전적으로 잘못이다. 실제 이 문제는 가서 보니까 온 하늘의 수수께끼를 푸는 열쇠이기도 하였다. 이 문제를 깊이 추구하는 가운데서 대수적 정수론에 광대한 옥야(沃野)가 열리고 거기에 잠재하는 '이상수(理想數, 아이디얼)'라는 이름의 아름다운 "짐승"을 쫓아서 수학자는 추상 대수학의 에덴동산으로 들어간 것이다.

페르마의 문제를 통해서 최초의 수학적 시야의 확대를 달성한 것은 가우스의 제자의 제자에 해당하는 에른스트 쿤머(1810~1893)였다. 결국 파리 과학 아카데미가 상금 대신 준비하고 있던 3000프랑의 금메달은——물론 최종적인 해결에는 다다르지는 않았으되——그 본질적인 공헌을 칭송하여 훗날 쿤머에게 수여하게 되었다.

또 하나의 에피소드도 간접이나마 현상에 얽힌 이야기이다.

## 10만 마르크와 힐베르트의 "탁견"

재야의 학자 바울 볼프스케일은 '페르마의 문제를 완전하게 해결한 사람에게 주고 싶다'라는 유언을 남기고 다대한 재산 중에서 10

만 마르크라는 큰 돈을 괴팅겐의 왕립학회에 제공하였다. 100년이라는 기간을 설정한 일반공모의 현상문제로서 왕립학회가 기관지에 그것을 발표한 것은 볼프스케일이 죽은 뒤 2년째에 해당하는 1908년의 일이다(따라서 이 현상은 2007년까지 유효하다). 이 발표는 여러 나라의 학술잡지에도 게재되고 그 이후 무수한 괴답(怪答), 기답(奇答), 미답(迷答)이 괴팅겐에 송부되어 왔다고 한다.

독일의 괴팅겐이라 하면 말하지 않아도 다 아는 거인 힐베르트의 "거성(居城)"인 괴팅겐대학의 소재지이다. 그래서 어떤 사람이 1920년경 힐베르트 자신에게 왜 페르마의 문제를 풀려고 하지 않는가라고 물은 적이 있었다고 한다. 그때의 힐베르트의 대답은 이러하였다.

이 문제를 풀려면 적어도 3년간은 이것만을 열심히 연구하지 않으면 안되나 결국 실패로 끝날 가능성이 큰 이러한 문제에 그만큼의 시간을 할애할 만큼 나는 한가하지 않다.

힐베르트의 판단을 세속적으로 보아도 정확하였던 것 같다. 만일 그이가 3년간을 소비해서 무언가의 성과를 올리고 있었다 해도 그 무렵에는 독일은 맹렬한 인플레의 태풍을 만나 상금인 10만 마르크라 할지라도 극단적으로 말하면 휴지조각과 마찬가지의 가치밖에는 갖게 되지 않는 운명이었으니 말이다. 실제 인플레가 절정에 도달한 1923년 11월 20일에는 마르크의 가치는 1달러에 대해서 4조2천억 마르크까지 초하락(超下落)해 버렸다.

### 사건의 발생은 여백의 메모

페르마의 문제에 그 이름을 남긴 피에르 드 페르마(Pierre de Fermat, 1601~1665)는 17세기 전반을 대표하는 프랑스의 위대한 수학자이다. 잘 알려진 데카르트나 파스칼과 같은 시대의 사람이라고 하면 개략적인 시대 배경은 파악할 수 있을 것이다.

당시는 '수학자' 따위의 직업은 존재하지 않았기 때문에 페르마의 경우도 툴루즈 지방의 행정관이 본직(本職)이었다. 한때 지방회의의 의원도 역임하고 있었다.

페르마가 20세의 무렵 디오판토스의 『산술』이 프랑스에서 출판되고 있었다. 이 책은 유클리드의 『원론』과 동등하게 평가되는 고대 그리스 수학의 정화(精華)이다. 물론 원문은 그리스어로 적혀 있었으나 바쉐라는 프랑스인이 이것을 당시의 공용어인 라틴어 —— 지금으로 말하면 영어의 감각일 것이다 —— 로 번역하여 1621년에 간행한 것이다.

그 무렵은 페르마도 법률공부에 바빴을 것이다. 그이가 『산술』을 본격적으로 읽기 시작한 것은 툴루즈 의회의 항소원(抗訴院) 참사관으로 등록되어 행정관으로서의 첫걸음을 내딛은 1631년 전후의 일일 것이라고 대부분의 수학사가들은 추정하고 있다.

페르마는 『산술』을 매우 열심히 읽고 그 글솜씨와 관련해서 스스로 발견한 정리나 자신의 생각을 장서의 여백에 적어 넣고 있다. 적어 넣은 것은 전부해서 48항목에 이르고 그것들은 어느 것도 증명을 붙이지 않고 결과만이 간결하게 메모되어 있다.

페르마가 죽은 뒤 유품의 정리 중에 이들 메모를 발견한 그이의 아들은 널리 세상의 수학자들에게 이들 문제를 제공하려고 공표를 단행하였다. 그것이 인연이 되어 페르마의 이름은 아직도 밤하늘의 기라성처럼 계속 빛나고 있으니 얼마나 효자인가. 어린이들에게는 꼭 이러한 아들이 되어 주었으면 한다!

메모로서 남겨진 페르마의 발견의 가지가지는 오일러를 비롯한 후세의 유능한 수학자들의 손에 의해서 차례로 완전한 증명이 붙여겨 갔다. 그리고 마지막으로 단 하나, 두번째의 메모만이 증명이 되지 않은 채로 남아 버렸다. 그것을 여기에 옮겨 보자.

하나의 세제곱수를 두 개의 세제곱수에, 또 하나의 네제곱수를 두 개의 네제곱수에, 일반적으로 2보다 큰 거듭제곱일 때 두 개의 같은 거듭제곱의 합으로는 분해할 수 없다. 나는 이에 대해서 참으로 놀랄 만한 증명을 발견하였으나 그것을 언급하기에는 이 여백은 너무 좁다.

이것이 페르마의 문제의 시작의 발단이다(덧붙여 말하면 여기서 말하는 '거듭제곱'이란 같은 수나 기호를 $n$회이면 $n$회 곱한 것을 말한다. 즉 $5 \times 5 \times 5 = 5^3$, $x \cdot x \cdot x \cdot x = x^4$ 등이다).

페르마가 증명을 붙이지 않았던 이유의 하나로는 그것이 당시의 수학자의 방식이었기 때문인 것 같다. 페르마의 문제에 정통한 아다치 노리오(足立恒雄), 와세다대학 교수는 그러한 비밀주의가 만연되고 있었던 이유를 다음과 같이 분석하고 있다.

페르마의 시대에는 전문학술잡지는 아직 등장하고 있지 않았고 아카데미도 없었기 때문에 수학을 시작으로 하는 과학의 연구자는 주로 편지에 의해서 자기의 결과를 서로 알리고 있었다. 그러나 분명한 형태로 선취성(先取性)을 인정하는 방법이 존재하지 않았기 때문에 공적을 도둑맞는 것은 두려워하여 증명을 붙이지 않고 결과만을 서로 자랑하는 것이 관례였다.

그러나 그렇다고 해서 서로 허풍을 떤 것은 물론 아니다. 그것으로는 만담은 되어도 수학으로는 되지 않기 때문에. 역시 페르마의 문제에 정통한 와다 히데오(和田秀男), 죠치(上智) 대학 교수는 페르마의 지적 성실성이 절대 틀림없음을 보증하여 이렇게 말하고 있다.

후세가 되어 페르마가 쓴 편지를 여러모로 분석해 보면 그럭저럭 페르마는 경솔한 문제는 내고 있는 것 같지 않다. 많은 계산을 하고 깊은 추론을 진행시켜 확신을 갖은 다음 편지를 썼다고 생각한다. 그러나 두 가지 예외는 있다.

그 예외의 하나가 페르마의 문제라고 하는 것이다. 또 하나는 소위 '페르마 수'에 관한 예상으로 이것이 잘못이었던 사실에 대해서는 이미 언급하였다.

페르마 자신이 일반의 $n$ 모두에 대해서 증명을 얻고 있지 않았던 것은 우선 100% 확실하지만 적어도 $n$이 4의 배수일 경우에는 보여 줄 수 있었을 것이 확실하다고 추측되고 있다.

### $n$이 4의 배수이면 풀린다

실은 $n$이 4의 배수일 때에는 의외로 간단히 증명할 수 있는 것이다. 출발점은 다음의 렘마(lemma)이다. 여기서 말하는 렘마는 '보제(補題)'라고 번역하나 어떤 정리를 증명하기 위한 결정적 방법으로 되는 명제를 말한다. 여담이지만 수학에서는 정리 그 자체보다도 렘마 쪽이 결과적으로는 훨씬 중대한 의미를 가져 오는 일이 흔히 있다.

「$x^2+y^2=z^2$(다만 $x, y, z$는 양의 정수이고 어떤 두 개도 서로소)는 $x=2uv, y=u^2-v^2, z=u^2+v^2$ (다만 $u, v$는 양의 정수로 서로소이고 동시에 $uv$는 짝수)일 때 또는 여기서 $x, y$를 바꿔 넣은 형태일 때에 성립하고 동시에 또 이들의 경우에 한해서 만족된다.」

이 렘마를 사용하면

「$x^4+y^4=z^2$은 자연수 해$(x, y, z)$를 갖지 않는다」

를 비교적 쉽게 보여 줄 수 있다. 그러면 만일

$$x^4+y^4=z^4$$

이 자연수 해 $(x_0, y_0, z_0)$을 가지면 그러한 $(x_0, y_0, z_0)$를 취함으로써

$$x^4+y^4=z^2$$

이 자명한 자연수 해 $(x_0, y_0, z_0^2)$을 갖게 되어 모순이다. 즉

「$x^4+y^4=z^4$은 자연수 해를 갖지 않는다」

는 것을 보여준 것이 된다. $n$가 4의 배수일 때는 $n=4m$이라고 쓸 수 있으나 만일 이때

$$x^{4m}+y^{4m}=z^{4m}$$

이 자연수 해 $(x_0, y_0, z_0)$를 가지면 같은 값에서의 등식을 잠깐 바꿔 읽음으로써

$$x^4+y^4=z^4$$

이 자명한 자연수 해 $(x_0^m, y_0^m, z_0^m)$를 갖게 되어 역시 모순이다. 결국은 $n$이 4의 배수일 때에 페르마의 문제가 긍정적으로 풀린 것으로 된다.

같은 논법을 사용하면 $p$를 소수로 해서 $n$이 $p$의 배수로 되어 있을 때 $n$에 관한 페르마의 문제를 $p$에 관한 페르마의 문제로 환원시킬 수 있다.

즉 자명한 경우를 제외하고 본질적으로 정식화해서 고치면 페르마의 문제란 이러한 문제로 되는 것이다.

「3 이상의 소수 $p$에 대해서
$$x^p + y^p = z^p$$
가 자연수 해를 갖지 않음을 보여라.」

소수란 1과 그 자신 이외에 약수를 갖지 않는 수를 말하는 것이니까 구체적으로는 3, 5, 7, 11, 13, 17, …… 등등에 대해서 확인하면 된다.

그러나 이미 $p=3$부터가 상당한 난문이다. $n=4$의 증명은 대학입시에 그저 조금 예리한 정도의 난이도이기 때문에 의욕적인 고교생의 독자에게는 꼭 도전해 주었으면 하지만 $p=3$의 경우는 그다지 권장할 수 없다. 대학에 들어가면 어차피 주체못할 정도의 자유로운 시간이 생기는 것이니까 도전하는 것은 그때부터라도 늦지 않을 것이다.

참고로 말을 보충해 두면 아다치 교수는 이렇게 조언하고 있다.

여러분 중에 $x^3+y^3=z^3$이 자연수 해를 갖지 않는 것을 자기 힘으로 증명할 수 있는 사람이 있다면 상당히 자신을 가져도 될 것이다. 이 경우에 우선 도전해 보면 겉보기에 쉬운 것과는 크게 다르다는 것을 몸소 알 수 있을 것이다.

### 어디까지 풀렸는가?

수학사적으로는 $p$가 3인 경우를 오일러가 서둘러 증명하고 $p$가 5인 경우 1828년에 당시 20세의 청년이었던 디리크레가, $p$가 7인 경우는 1839년에 메레가 각각 해결하고 있다. $p=5$에서는 디리크

이것을 풀 수 있으면 자네도 수학자가 될 수 있다!

레의 증명의 불비점을 70세의 르장드르가 보족(補足)하여 공로를 독점하려고 하였다든지 $p=7$의 1839년의 증명에는 오류가 있었다든지, 재미있고 우스운 일화는 얼마든지 있으나 그러한 화제는 다른 책에 양보하자.

이러한 소위 달팽이걸음을 한걸음 뛰어서 마차(馬車)의 질주로 바꿔 버린 것이 쿤머의 공적이다. 쿤머는 페르마의 문제가 성립하기 위한 $p$의 충족되어야 할 충분조건을 찾아내는 방향에서 연구를 진행시켰다. 그 결과 매우 많은 $p$에 대한 긍정적 해결을 얻고 있다.

예컨대 100 이하의 소수에 대해서 쿤머의 판정조건에서 누락된 것은 37, 59, 67의 단지 3개에 불과했다는 정도이다.

쿤머가 지시가 방향으로 돌진함으로써 현재로는 $n$이 150000 이하이면 페르마의 문제는 옳다는 것을 보여 주고 있다. 또 예컨대 '$x, y, z$의 어느 것도 나누어 떨어지지 않는 자연수 해를 갖지 않는다'라는 제한된 형태라면 $n$이 5400000000000000000까지의 소수에 대해서 페르마의 문제가 옳다는 것도 알고 있다.

또한 만일 반례가 있다 해도 그러한 반례를 찾는 데에는

$$10^{14428124}$$

즉 1의 뒤에 0을 1442만 8124개 배열한 숫자보다 더 큰 수의 안에서 적절한 답을 찾아낼 수밖에 없다는 것이 알려져 있다. 퍼스컴이나 하물며 포켓컴이나 전자식 탁상계산기로 깔짝깔짝 계산될 수 있는 상대는 아니다.

$p$가 3일 때조차 온갖 고생을 다 겪고 있는 몸으로서는 참으로 원망스러울 정도로 정신이 아찔해질 듯한 숫자이다. 현대 수학의 위대한 진보이다.

그러나 물론 그렇다고 해서 페르마의 문제가 최종적으로 해결된 것은 아니다. 이들의 천문학적인 숫자는 오히려 전혀 역으로 현재의 공략수법이 갖는 한계성을 가리키고 있는 것같이도 생각된다. 전술뿐만 아니고 도대체 전략이 잘못되어 있는 것은 아닌가라고 한 번은 의심해 볼 필요성이 생겨나고 있는 것이다.

적진돌파(breakthrough)를 어디서 구하면 될 것인가? 대담한 돌파구가 실은 III부에서 상술하는 대수기하의 분야에서 개척된 것을 다음에 이야기하고자 한다.

### 잠깐 양해를 구한다.

이하에 언급하는 것은 현대수학의 최첨단에서 벌어지고 있는 "활극"의 한 장면이다. 이 드라마는 물론 수학 나라의 말로 연출되고 있다. 이해하기 쉬운 점만으로 말하면 일상용어로 번역하고 동시에 무대장치에도 궁리를 짜는 것이 좋겠으나 그것으로는 원래의 드라마가 갖는 특색이나 분위기가 없어져 버릴 위험성이 있다.

그래서 여기서는 굳이 할리우드 영화를 그대로 방영토록 하기로 한다. 게다가 자막(字幕)도 빼고! 아마 뜻도 모르는 용어가 빈번히 나올 것으로 생각하나 우선은 그러한 용어는 무시하고 읽기 바란다. 스크린을 바라보는 것만으로도 대충의 스토리는 파악할 수 있을 것이다.

실은 이들 용어는 다음의 III부에서 모두 상세히 해설해 두었다. 따라서 만일 원활한 이해를 희망한다면 이하의 기술은 III부의 뒤에 읽어도 상관없다. 결국 페르마의 문제는 매우 낡은 문제이지만 그 수수께끼에 정말 다가서기 위해서는 현대수학——특히 대수기하——의 난해한 대도구나 소도구가 필요불가결하게 된다는 것을 이해하였으면 생각한다.

### 돌파구는 대수기하의 수법에서

페르마의 문제의 기하학적 의미를 생각해 보자. 3변수 $x, y, z$의 다항식

$$F(x, y, z) = x^p + y^p - z^p \ (p는 홀소수)$$

을 취하고 이 다항식이 정의하는 대수다양체, 즉

$$W = \{(x, y, z) \in R^3 \mid F(x, y, z) = 0\}$$

을 생각한다. 이것은 공간 속의 하나의 $p$차곡면으로 된다. 이 곡면 상의 격자점(格子点)이 자명한 0점(零点) 이외에는 존재하지 않는다는 것이 페르마의 문제이다.

다만 여기서 격자점이란 3개의 좌표가 모두 정수(整數)인 점. 자명한 0점이란 지금의 경우 (0, 0, 0), (1, 0, 1), (0, 1, 1) 등의 점을 말한다.

공간에서는 상상하기 힘들기 때문에 이번에는 2변수 $x, y$의 다항식

$$f(x, y) = x^p + y^p - 1 \, (p \text{는 홀소수})$$

를 생각한다. 그러면 그에 대응하는 대수다양체, 즉

$$V = \{(x, y) \in R^2 \mid f(x, y) = 0\}$$

는 평면상의 $p$차곡선으로 된다. 그러면 이 대수다양체와 페르마의 문제와의 관계는 어떻게 되는 것일까?

페르마의 문제에 나타나는 방정식

$$x^p + y^p = z^p \, (p \text{는 홀소수}) \quad \cdots\cdots\cdots\cdots \text{①}$$

가 자연수해 $(l, m, n)$을 가졌다고 하자. 그러면 양변을 $n^p$로 나눔으로써

$$\left(\frac{l}{n}\right)^p + \left(\frac{m}{n}\right)^p = 1 \quad \cdots\cdots\cdots\cdots \text{②}$$

라는 등식을 얻는다. 이때 $\frac{l}{n}, \frac{m}{n}$이라는 2개의 수는 어느 쪽도 유리수이다(이와 같이 분수——바꿔말하면 정수의 비——로서 나타낼수 있는 수를 '유리수'라고 한다).

이번에는 역으로

$$x^p + y^p = 1 \quad \cdots\cdots\cdots\cdots \text{③}$$

가 자명하지 않은 유리수 해 $(\alpha, \beta)$를 갖는다고 해보자. $\alpha, \beta$는 유리수이기 때문에 분모끼리의 최소공배수를 취하여 공통분모로 고쳐 써주면 다음과 같이 나타낼 수 있다.

$$\alpha = \frac{l}{n}, \beta = \frac{m}{n} \quad \cdots\cdots\cdots\cdots \text{④}$$

그래서 ④를 ③에 대입해 주면 ②가 된다. 결국은 ①이 자연수 해($l, m, n$)을 갖게 된다.

이와 같이 생각하면 평면곡선 V와 페르마의 문제와의 관계는 명백하다. 즉 페르마의 문제를 증명하는 데에는 V가 (1, 0), (0, 1) 이외의 유리점(有理点)——두 개의 좌표 어느 쪽도 유리수가 되는 점——을 갖지 않는 것을 보여 주면 되는 것이다.

물론 이렇게 해서 기하학적인 의미가 파악되었다고 해서 문제가 갑자기 간단하게 되는 것은 아니고 하물며 바로 풀린다고 기대하는 것은 잘못 짚은 것이다. 그러나 적어도 이러한 정식화를 행함으로써 대수기하에 축적된 방대한 지식이 응용될 수 있게 된다라고는 말할 수 있다.

어떠한 응용이 가능한가를 페르마의 문제로부터 일단 떨어져서 간단한 실례로 설명해 보자. 예컨대 $n$이 2의 경우 즉

$$x^2+y^2=z^2 \quad \cdots\cdots\cdots\cdots \text{⑤}$$

는 무한히 많은 자연수 해를 가지고 있다.

특수한 해(解)는 메소포타미아(mesopotamia)의 옛부터 알려져 있었다. 또 ($x, y, z$)가 직각3각형의 3변의 길이에 대응하고 있는——소위 피타고라스의 정리——것으로부터 이들 3개의 수의 조가 '피타고라스 수'라 불리고 있는 것도 잘 알고 있을 것으로 생각한다.

⑤가 무한히 많은 자연수해를 갖는 것을 보여주기 위해서는 지금의 우리들의 입장에서 말하면

$$x^2+y^2=1 \quad \cdots\cdots\cdots\cdots \text{⑥}$$

이라는 원주(円周)상에 무한히 많은 유리점이 존재하는 것을 보여 주면 되고 그것에는 매개변수 $t$를 유리수로 하고 $x, y$를

$$x=\frac{2t}{1+t^2}, \ y=\frac{1-t^2}{1+t^2}$$

로 두면 되는 것이다.

이 예는 너무 트리비얼하지만 닮은(물론 더 고급의) 발상의 전환으로 페르마의 문제에 육박하는 것은 충분히 가능하다.

앞에서 말한 $V$를 대수 곡선으로 본 경우 그 종수(種數) $g$, 즉 $V$를 도넛면으로 보았을 때(상세는 III부) 그 구멍의 수 $g$는

$$g=\frac{(p-1)(p-2)}{2}$$

라는 간단한 공식으로 구할 수 있다.

즉 $p$가 3, 5, 7일 때는 그들의 대수 곡선은 순차로 구멍의 수가 1개, 6개, 15개의 도넛면과 같게 되는 것이다. 여기서 대단한 정리가 알려져 있다.「모델의 예상」이라고 부르는 것으로 오랫동안 수론(數論)의 천재들을 계속 괴롭힌 큰 문제였는데 드디어 1983년에 파르틴크스에 의해서 긍정적으로 해결되었다(따라서 제대로라면 이미「파르틴크스의 정리」라고 바꾸는 것이 좋겠으나 모델에게 경의를 표하여 여기서는「모델의 예상」이라는 명칭으로 통일한다).

### 파르틴크스의 증명이 보여 주는 것

모델의 예상이란 다음과 같은 것이다.

「종수 2 이상의 비특이(非特異)한 평면 곡선은 유리점을 고작 유한개밖에는 갖지 않는다.」

우리들이 문제로 하고 있는 $V$는 $p$가 3일 때를 제외하면 확실히

종수가 2 이상이고 게다가 특이점을 갖지 않는 평면곡선으로 되어 있다. 따라서 모델의 예상이 옳았다고 하는 것은 단적으로 말해서 다음의 사실을 보여 주었다고 하는 것이다.

페르마의 방정식①은 3보다 큰 모든 $p$에 대해서 만일 자연수 해를 가졌다 하더라도 그 개수는 고작 유한개밖에 존재할 수 없다!

$p$가 3인 경우는 오일러의 시대에 이미 증명이 끝난 것이니까 이 때 무시해도 상관없다. 그러면 위의 사실은 요컨대 페르마의 문제가 모든 $p$에 대해서 전면적으로 유한개의 풀이로 둘러싸인 것을 의미하고 있다.

바꿔 말하면 고작 유한개의 불확실성을 제외하고 페르마의 문제는 온갖 $p$에 대해서 '거의 항상 옳다'는 것을 보여 준 것이다. 이 장의 시작 부분에서 소개한 히로나카 교수의 회답을 생각해 냈는지?

파르틴크스는 모델의 예상을 증명하기 위해 우선 「테트 예상」이라고 부르는 문제를 증명하고 다음에 이것과 도우리뉴가 행한 「베이유 예상」의 증명과를 조합시켜서 「샤파레뷔치 예상」을 증명한다는 순서를 밟았다고 한다. 샤파레뷔치 예상으로부터 모델의 예상이 나오는 것은 이미 파싱에 의해서 증명되어 있었다.

이들 예상을 하나하나 소개해 가는 것은 나의 힘에 벅차다. 다만 자면(字面)만 쫓고 있으면 참으로 지독하게 초초(超超)난해한 것으로 생각되나 이 증명을 본 전문가의 인상은 전혀 반대였던 것 같다.

뉴욕주립대학의 구가 미치오(久賀道郎) 교수가 파르틴크스의 증명이 나온 직후의 감개를 절실하게 써서 남기고 있다. 구가 교수는 명저 『갈루아의 꿈』 등의 저작으로 60년대에서 70년대에 걸친 일

이제 도망갈 수 없어…….

본의 수학소년들에게 문자 그대로 큰 꿈을 안겨 준 제1급의 수학자이다. 애석하게도 최근 별세했기 때문에 여기서는 추도(追悼)의 의미도 포함하여 조금 긴 인용(引用)을 하겠다.

### 의외로 오서독스한 수법으로

파르틴크스의 논문을 읽지는 않았으나 바라보기는 하였다. 바라본 바 그것은 우리들에게 가까운 현대의 오서독스한 대수기하의 문제를 오서독스하게 하고 있는 동안에 자연히 《모델》이 나와 버린 것이다, 라는 것처럼 보이는 것이다.

이것은 나로서는 의외였다. 충격적이기도 하였다. 그 이유는 나는 《모델의 예상》처럼 본질적으로 좋은 결과가 얻어지기 위해서는 기성의 오서독스한 방법이나 문제의식만으로 부족하여 본질적으로 참신한 아이디어가 필요함에 틀림없다라고 맹신하고 있었기 때문이다. 이 충격은 나에게 어떤 자계(自戒)를 주고 약간의 《철학》의 변경도 강요하고 있다.

그렇게 말하면 예의 '히로나카의 전화번호부'라고 불리는 히로나카 교수의 장대(長大)한 논문에 대해서 그것을 읽었을 때의 의외의 인상을 어떤 젊은 수학자가 이렇게 이야기하고 있던 것이 생각난다.

> 아무튼 세계적 업적이라고 하여 굉장한 것이 적혀 있는 것이 아닌가라고 생각하고 있었는데 기본적으로는 다항식이라는 느낌인 것이다. (중략) 그렇게 쉬운 것은 아니나 기본적으로는 누구나가 알고 있는 대수밖에 사용하고 있지 않는 것이다.

이렇게 해서 보면 수학자는 음악가를 닮고 있는지도 모른다. 뛰어난 기교(技巧)만으로는 깊이 있는 음악은 탄생하지 않는다. 그러나 사상만이 앞질러 나가도 안된다. 결국 기본을 파악하고 자연히 생겨버린 음악이야말로──모차르트가 그 전형이라고 생각하는데──참으로 깊은 사상성을 간직한 위대한 음악이라고 말할 수 있을 것이다. 수학도 마찬가지다.

앞에서 1983년에 '페르마의 문제, 드디어 해결!'의 오보(誤報)가 흘렀다고 언급하였는데 이제 아는 바와 같이 그것은 매스컴이 모델 예상의 해결에서 나오는 결과를 '페르마가 풀렸다'라고 착각하고 있었던 곳으로부터 일으켜진 뜻하지도 않은 진기한 사건이었던 것이다.

### 수는 유한개라고 나왔는데……

확실히 표적은 이제야말로 유한개로 압축되었다. 그러나 이 예상은 풀이의 크기의 한계값까지도 구체적으로 평가하고 있는 것은 아니다.

극단적으로 이야기하면 유한개라고는 해도 그 수는 예컨대 10의 10제곱의 10제곱의 10제곱의 10제곱 개(1의 뒤에 도대체 몇 개만큼의 0을 붙이면 되는지……)인지도 모르고 최대값은 그 수의 10제곱을 취하는 조작을 다시 10의 10제곱 회 반복한 수 이상으로 될는지도 모른다. 이러한 수치에 대해서 실제로 계산을 실행해서 등식의 판정을 내리는 것 등, 현실적으로는 불가능하다. 슈퍼컴퓨터일지라도 대항할 수 있는 상대는 아니다.

그러나 지금 백보양보해서 가령 메타·울트라·슈퍼컴퓨터라는 것이 출현하여 100년간 즉 87만 6천6백 시간의 연속계산을 완수해서 어떤 $p$에 대해서 유한개의 풀이를 모두 체크할 수 있었다라고 해보자. 이것을 과연 위대한 수학적 업적이라고 말할 수 있을까.

나의 생각으로는 "아니"다. 그러한 것은 어떤 특정의 $p$에 대한 것만의 결과이고 보편성을 가질 수 없다. 4색 문제의 컴퓨터에 의한 해결과 아무런 변화가 없는 것이다. $p$는 무한으로 있는 것이기 때문에 결국은 이 방법으로는 페르마의 문제의 전면해결은 영원히 불가능한 것으로 되어 버린다.

가장 바람직스러운 것은 $P$의 "머리"를 누르는 것이다. 조금 전문적인 표현방법으로는 '계산가능한 수 $N$으로 $N$보다 큰 $p$에 대해서는 페르마의 정리가 성립한다'라고 하는 것과 같은 $N$을 찾아내는 것이다. 이러한 $N$의 평가를 개량해 감으로써 언젠가는 우리들의 컴퓨터로도 할 수 있는 데까지 문제를 몰아넣을 수 있을지도 모른다.

이것을 보여줄 수 있으면……

### 미야오카(宮岡)—야오의 부등식

따라서 모델 예상의 해결 이후 페르마의 문제의 핵심은 바야흐로 "머리 누르기"를 위한 어떤 종류의 부등식의 성립을 보여줄 수 있는지 없는지에 걸려 오고 있다.

구체적으로는 이 부등식은 「미야오카—야오의 부등식」이라고 부르는 것으로 전문적인 어떤 종류의 지표(랭크 1, 2의 찬클래스라고 부르는 것)를 사용해서 다음과 같은 간결한 식으로 새로 쓸 수 있다.

$$C_1^2 \leq 3C_2$$

아인슈타인의 방정식 $E = mc^2$ 에도 뒤떨어지지 않는 단순하기 짝이 없는 식이다. 그러나 미야오카—야오의 부등식은 그 단순성에도 불구하고 대수곡면상의 곡선이 갖는 여러 가지 성질을 규제하는 본질적인 부등식으로 되어 있다. 예컨대 이 부등식을 사용하면 그 곡선상에 있는 유리점의 개수를 구체적인 수치로 위로부터 누를 수도 있다.

그러나 유감스럽게도 이 부등식은 페르마의 방정식이 결정하는 것과 같은 특수한 대수다양체——이것을 '수론적 곡면'이라든가 '산술적 곡면'이라 부른다——의 위에서는 아직 그대로의 형태로는 성립하지 않는다. 파싱은 수론적 곡면에 대해서 미야오카—야오의 부등식을 가정하면 페르마의 문제가 증명될 수 있음을 보여주었으나 유감스럽게도 지금으로서는 이 논법을 그대로 사용할 수는 없다는 것이다.

그러면 어떻게 하면 되는가? 다음의 목표는 당연히 수론적 곡면상에 있어서 미야오카—야오 부등식에 해당하는 "유사품"을 발견 내지는 구성하는 것이 된다.

미야오카—야오 부등식에 그 이름을 붙인 미야오카 요이치(宮岡洋一), 도쿄도립대학 교수는 고다이라 박사의 영향 아래에서 대수기하를 전공한 소위 "고다이라 스쿨"의 준영(俊英)의 한 사람이다.

미야오카 교수는 1988년당시 서독의 막스 플랑크 연구소에 체재하여 위에 언급한 스스로의 부등식의 확장에 몰두하고 있었으나 이때 뜻하지 않은 소동에 휘말리게 되었다.

### '뉴스'의 진상

88년 2월 26일의 일이다. 그날 막스 플랑크 연구소에서 행하여진 세미너의 자리에서 미야오카 교수는 미야오카—야오의 부등식의 유사(類似)가 수론적 곡면 위에서도 증명될 수 있을 것 같다라는 연구보고를 발표하였다. 만일 이것이 정말이라면 페르마의 문제도 전면해결의 거대한 발판으로 된다는 것은 방금 언급한 대로이다.

사안의 중대성으로 보면 이 발표의 뉴스가 그날로 순식간에 세계의 수학자에게 알려졌다해도 아무 이상할 것은 없다. 세미너 노트(note)의 카피(copy)가 국제통신회선을 통해서 퍼짐에 따라 수학계가 갑자기 술렁거리기 시작하였다.

세상에는 어느 세계에도 경박한 사람이 있는 법이어서 그 중에는 이 뉴스의 대변인역을 자청해서 나서는 미국인 수학자까지 나타나 드디어 매스컴에도 정보가 흐른다. 매스컴으로서는 결과만이 중요하기 때문에 '페르마의 문제, 드디어 해결?'이라는 표제로 되는 것이다. '?'이 붙어 있었던 만큼 아직 양식적인 보도였다고 할 수 있을 것이다.

제1보(報)라고도 할 수 있는 UPI통신의 배신(配信)은 3월 9일부였다. 이 보도로 일본의 매스컴도 완전히 부풀어올라 버린다. 그러나 이 보도는 약간 지나치게 경솔한 판단이었던 것이다. 그래서 현실은 덧없는 기쁨으로 끝나 버렸으나 그것은 미야오카 교수가 관여할 바가 아니다. 사실은 가장 괴로움을 당한 것은 교수 그사람이었기 때문에.

당시 역시 막스 플랑크 연구소에 체재하고 있던 나미가와 유키히코(浪川幸彥), 나고야대학 조교수는 이 동안의 사정을 다음과 같이 증언하고 있다.

UPI통신이 흐른 것은 미야오카 씨가 그 아이디어를 새로 쓴 (육필로) 제1고(稿)가 겨우 완성된 시점에 불과했던 것이다. 수학계에서는 이러한 논문 초고(pre-print)가 타자되어 몇 사람의 전문가에게 보내져서 그 논평을 얻어 비로서 전문잡지에 발표할 최종원고가 확정되는 것이 보통이다.

즉 당시는 아직도 세부적인 체크나 결론 이전의 단계였다는 것이다. 그리고 결과적으로는 이 결론의 작업과정에서 참으로 유감스럽게도 몇 가지의 불충분한 점이 밝혀져 버렸다. 그러나 대부분의 수학자의 견해로는 미야오카 교수의 방침은 옳고 페르마 문제의 연구는 금후도 이 방향이 주류가 되어 간다고 간주되고 있다.

# Ⅲ

# 난문 · 대수다양체의 분류문제로의 도전

「모든 수학은 원래 다른 여러 과학에 대한 대규모의 방정식이다. 그러므로 일체의 학문은 수학이 되지 않으면 안된다.」
―노봐리스―

# 1. 수학자를 키우는 것.

**수학팬의 동경**

1990년도의 필즈상에 빛난 모리 시게후미 교토대학 교수의 수상대상으로 되었던 업적은 '대수다양체의 연구, 특히 3차원 극소모델의 존재증명'이었다. 즉시 "미지의 나라의 언어"의 총출현이다. 문외한에게는 조금도 모른다.

이 뉴스를 보도한 신문이나 잡지도 어떻게든 설득력 있는 '해설'을 자기 것으로 만들려고 무척 악전고투하고 있었으나 내가 보는 한 그다지 잘 되지는 않은 것 같다.

그래서 이 책에서는 이 "언어"를——수학 그 자체에서 극단적으로 떨어지지 않는 범위에서——가급적 알기 쉬운 일상어로 번역하고 대수다양체의 연구란 구체적으로는 어떠한 것인가, 그 개략적인 이미지를 파악하는 것을 당면의 목표로 한다. 이 목표가 달성되면 그러한 이미지의 저편에 이 책의 테마인 현재의 미해결 문제의 모습이 희미하게나마 보일 것이다.

모리 교수의 작업은 수학의 장르로 나누어서 말하면 '대수기하'라고 부르는 학문에 속한다. 고교수학의 과목에 있는 '대수·기하'나 대학의 초년급에서 배우는 '대수와 기하'는 아니다.

'·'나 '와'를 뺀 의미적으로는 한마디 말로서의 '대수기하' 또는 '대수기하학'이다.

히로나카 헤이스케 교수가 대수기하에 있어서의 금세기 최대의 초난문이라고 일컫고 있던 '대수다양체의 특이점 해소문제'를 완벽하게 풀어서 필즈상을 수상했을 때 어떤 신문이 '교수의 전문은 대수·기하이다'라고 잘못 표기한 일이 있었다. 일반사람으로서는 '·'

이 있든 없든 비슷한 것이지만 당시 수학팬 사이에서는 기자의 무지를 비난하는 등 약간의 소동이 벌어졌던 것이다.

수학팬이 단지 점 하나의 유무의 차이로 왜 그와 같이 과민하게 반응하였는가 하면 이것에도 그 나름으로의 심리적 이유가 있다. 그도 그럴 것이 대수기하라고 하는 말에는 수학에 뜻을 둔 사람으로서 일종의 동경의 이미지가 늘 붙어다니고 있기 때문이다.

그러면 어째서 그러한 이미지가 생겼는가 하면——길어지기 때문에 상세한 이야기는 여기서는 생략하지 않을 수 없으나——이 책 전체가 특히 여담의 부분이 어떤 의미에서 그 간접적인 대답이 되는지도 모른다. 우선은 대수기하가 오늘날의 여러 가지 수학 속에서도 뛰어나게 어렵고 동시에 장대한 체계를 가지면서 게다가 가장 생산적인 분야이기 때문이다.

특히 일본은 고다이라 구니히코, 나가다 마사요시(永田雅宣), 히로나카 헤이스케, 이이다카 시게루(飯高茂), 모리 시게후미 등등 빼어난 역량과 시야의 넓음을 겸비한 세계적인 대(大)대수기하학자를 차례로 배출(輩出)하고 있다. 일본의 수학팬이 대수기하에 강렬한 동경을 품는 것도 당연하다고 하면 당연한 이야기인 것이다.

당장 옆길로 새지만 나가다 교수는 이 책에서 처음 나오기 때문에 교수에 대해서 한마디 언급해 둔다. 교수의 전문은 가환환론(可換環論)으로 『국소환(局所環)』 등의 명저서로 알려진 대수기하의 세계적 권위자다. 오랫동안 교토대학 이학부의 수학과에서 주임교수를 역임하였다. "동쪽의 고다이라, 서쪽의 나가다"라고나 할까. 모리 씨의 은사도 나가다 교수다.

### 손도끼와 면도칼

교토대학 시절 나는 나가다 교수의 제자에 해당하는 사람의 세미나에서 대수기하의 초보를 배우고 있었다. 그때의 나가다 교수의 인상은 아주 머리가 좋은데 겉보기에는 보통의 상냥한 아저씨였다. 현상학의 원조 에드문트 후설에 대해서 만년의 제자 핑크가 '세계를 바꿔 버릴 만한 사상을 갖고 있는 인간도 외견상은 평범한 사람과 같고 오히려 수수하고 검소한 모습을 하고 있다'라고 이야기한 것은 유명한 이야기인데 내가 나가다 교수에게 품은 인상도 거의 그러한 느낌이었다.

교양부 때의 세미나의 교수로부터 재미있는 인물평을 들은 적이 있다. 그에 따르면 '나가다는 면도칼이고 히로나카는 손도끼'라고 한다. 모리 교수는 이 두 선생에게 사사한 것이기 때문에 틀림없이 면도칼의 날카로움과 손도끼의 힘셈의 쌍방을 익혔을 것이다.

도네가와 스스무(利根川進) 박사의 노벨의학생리학상에 계속되는 이번의 모리 교수의 필즈상 수상으로 다시 교토대학 세력의 활약이 세간의 주목을 모았다. 항간에서는 '도쿄대학이 위냐, 교토대학이 위냐'의 이발관의 장황한 이야기에 여념이 없다. 은사인 나가다 교수는 모리교수의 수상에 대해서 이렇게 이야기하고 있다.

그이가 만일 도쿄대학에 들어갔다면 이 수상은 없었던 것은 아닌지. 그이는 흥미가 내키는 대로 자꾸만 앞의 공부를 하고 학부 4학년 때에는 대학원 수준의 것을 하고 있었다. 이러한 것은 교토대학이기 때문에 가능했던 것이 아닌지.

### '자유로운 교풍'

모리 교수 자신 이 은사의 발언에 호응이라도 하는 듯이 '나는 수학밖에 흥미가 없었다. 추세에 맡기는 인생이야, 라고 술회하고 있다. 하나의 일에 마음껏 빠져들 수 있고 다른 것은 하지 않아도 졸업할 수 있는 것은 교토대학 이학부의 전통이라고 생각한다. 흔히 일컬어지는 '자유로운 교풍'을 바탕으로 말하고 있는 것이다.

그러나 개인적인 체험을 통해서 지금 절실히 느껴지는 것은 '자유란 얼마나 가혹한 것일까!'라는 한마디로 끝난다. 자유는 "쌍칼의 검(劍)"이다. 하려고 마음먹으면 끝내 할 수 있으나 한번 게으름을 피는 버릇이 붙어 버리면 이것 또한 철저하게 게으름뱅이가 되어 버린다. 자유로운 제도에는 그것에 제동을 거는 정지장치가 원리적으로 갖추어져 있지 않기 때문이다. 요컨대 교토대학 이학부는 게으름뱅이학생의 소굴로 전락하는 위험성을 항상 내포하고 있다는 것이다.

결과적으로 어떻게 되는가 하면 매년 270수 명의 이학부 입학자 중 예컨대 수학으로 말하면 단지 한줌의 천재가 살아 남는다. 나머지 2백수십 명은 분명히 말해서 학부졸업시의 단계에서 벌써 도태되어 버리는 것이다. 입이 걸은 친구는 자기를 포함한 '기타 대부분'의 졸업생에 대해 반은 위악적(僞惡的)으로 "버림돌"이라고 부르고 있었다.

그 대신 교토대학 이학부에서 "선택된 돌", "연마된 돌"의 빛남에는 오싹할 정도로 무서운 것이 있다. 그들의 박력은 상당한 것으로 그것을 볼 수 있는 기회를 얻기 위해서라도 한번쯤은 교토대학 이학부에 들어가 보는 것도 나쁘지 않을지 모른다.

모리 교수도 그러한 빛나는 돌의 하나였던 것이다. 나의 동창생으로는 히다 하루미(肥田晴三), 캘리포니아대학(UCLA) 교수, 마타노 히로시(俣野博), 도쿄대학 조교수 정도가 빛나는 돌의 필두(筆頭)일까. 나의 학급은 약간 결과가 나쁜 것이 고루 모였으나 어쨌든 큰 일을 완수할 것이라고 생각하기 때문에 수리통계학의 이시다 마사노리(石田正典), 도호쿠대학 조교수도 이 빛나는 돌의 하나로 헤아려 두고자 생각한다.

아무튼 수학을 공부하는 데에 도쿄대학이 좋으냐 교토대학이 좋으냐는 기호의 문제에 지나지 않는다. 그러나 그 단지 4년간의 차이가 그 뒤의 연구 스타일에 적잖은 영향을 미친다는 것도 전혀 없는 것은 아니다.

## 2. 대수기하란 무엇인가?

### 대수기하는 소박하고 복잡하다

여러 가지 잡다한 세상이야기가 길어졌으나 어쩐지 수학을 하는 분위기가 생긴 것 같기 때문에 그저 조금만 본제(本題)에 들어간다.

대수기하란 한마디로 말하면 대수다양체의 구조를 규명하는 학문이다. 여기서 '대수다양체'란 유한개의 변수로 구성된 유한개의 다항식의 공통영점(零点)의 집합을 말한다.

이렇게 말해도 지나치게 당돌하여 당황할지 모르기 때문에 조금 보충 설명을 해 두자. 어떤 다항식이 있으면 그 변수에 여러 가지 수를 대입함으로써 다항식 자체도 여러 가지 값을 취할 수 있다.

가령 변수 $x_1$, $x_2$ 2개가 있고 거기에 $x_1=a$, $x_2=b$라는 수를 대입했을 때 다항식의 값이 0이 된다면 그 2개의 수의 조 $(a, b)$를 그 다항식의 '영점'이라 부른다. 이것을 일반적으로, 기호로 「$(a, b)$는 다항식 $f(x_1, x_2)$의 영점이다」라고 쓴다. 물론 이것은 $f(a, b)=0$이라는 의미이다.

이 예에서 만일 $(a, b)$가 별개의 다항식 $g(x_1, x_2)$의 영점으로도 되어 있으면 $(a, b)$는 2개의 다항식 $f$와 $g$의 '공통영점'이라 부른

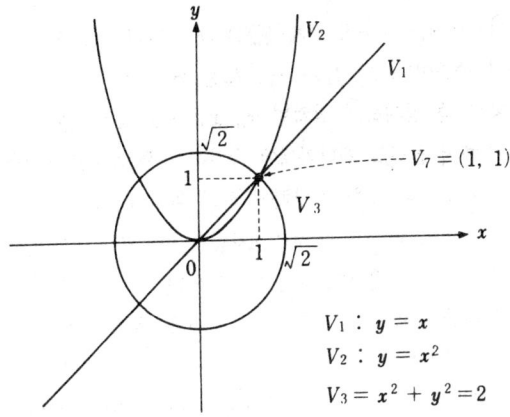

간단한 실대수다양체의 예.

다. 다항식 이퀄 0으로 놓은 것이 대수방정식이니까 영점이란 대수적으로는 방정식의 '풀이'를 의미하고 있고 또 공통영점이란 연립방정식의 '풀이'를 의미하고 있는 것이다.

'영점'이라는 말은 익숙지 못한 독자에게는 자칫하면, 혼란을 초래할지 모르나 실질적으로는 다름아닌 '방정식의 풀이' 바로 그것이다.

그것을 굳이 '점(点)'이라고 부르는 것은 그러한 풀이의 거동을 "기하학적"으로 보려고 하기 때문이다. 실제 토폴러지의 항에서 이미 언급한 것처럼 2개의 수의 조는 2차원 공간 즉 평면상의 1점과 같은 것으로 간주할 수 있다. 이것도 앞에서 지적해 둔 것인데 같은 것으로 간주할 수 있다면 "분별도 없이" 동일시해 가는 것이 수학자의 태도이다.

그래서 다음에 일반적인 대수다양체를 정의하는 식을 부여하자. 기호로 적으면 대수다양체 $V$는 다음과 같이 표현된다.

$$V = \{x \in k^n \mid f_1(x) = f_2(x) = \cdots = f_m(x) = 0\} \cdots (*)$$

다만 여기서 $k$는 대수적 폐체(閉體) 즉 간단히 말하면 취급하고 있는 수의 종류이다. $f_1, f_2, \ldots, f_m$은 변수 $x_1, x_2, \ldots, x_n$에 관한 다항식 즉 상세하게 말하면 $x_1, x_2, \ldots x_n$의 문자 속에서 몇 갠가 취해서 곱하고 게다가 $k$에 속하는 수를 계수로서 곱한 것의 유한개의 합이다. 또한 간단하게 하기 위해 $x_1, x_2, \ldots, x_n$의 조 $(x_1, x_2, \ldots, x_n)$——이것은 $n$차공간 $k^n$상의 1점을 표시하는 좌표이기도 하다——을 $x$로 약기하기로 한다.

대수다양체란 무엇인가를 충분하게 이해를 돕기 위해——그렇지 않으면 이야기가 시작되지 않기 때문에——지겹게 되풀이하는 것 같지만 다음에 가까운 구체적인 예를 들어서 거듭 해설해 둔다.

다만, 여기서 드는 예는 간단한 실대수다양체이고 실제로는 '해석기하'라 부르는 데카르트 이래의 좌표를 가진 기하학의 영역에서의 수학적 대상이다.

대수기하라 하면 보통은 더 복잡한 대상밖에 취급하지 않는다. 요컨대 이하의 실례는 대수기하 이전의 이야기다. 그러나 정의를 자의(字義)대로 풀이하면 원리적으로는 이들 도형이라도 "대수다양체"임에는 변함이 없고 무릇 대수기하는 해석기하의 연장선상에 성립한 것이니까 이러한 프리미티브(primitive)한 실례로 개념의 본질을 파악해 두는 것도 헛된 것은 아니라고 생각한다.

또한 이하의 설명에서도 일일히 사전 양해 없이 해석기하에서의 사실에서 대수기하를 상상하는 방법을 취한다. 그 편이 가까운 실례를 취하기 쉽고 이미지가 선명하게 되어서, 느낌으로의 이해에는 적합하다고 판단하였기 때문이다. 실은 또 한가지 이유로서는 이 책에서는 대수기하 원래의 방법론인 고도의 대수이론을 전개할 수 없기 때문이기도 하다. 아무튼 우리들의 당면목표로서는 아무것도 새삼스럽게 이야기를 어렵게 할 필요가 없기 때문에 마음 부담 없이 읽어 나아가는 것이 최상이다.

그래서 곧 실례를 들어서 대수다양체의 이미지에 살붙임을 하기로 하자.

예컨대 보통의 수──이것을 「실수」라 부르고 $R$로 나타낸다──의 2차원 공간 $R^2$, 즉 실평면을 생각하고 2변수 $x$, $y$에 관한 다음과 같은 다항식의 영점집합을 생각해 보자.

$$V_1 = \{(x, y) \in R^2 \mid x-y=0\}$$
$$V_2 = \{(x, y) \in R^2 \mid x^2-y=0\}$$
$$V_3 = \{(x, y) \in R^2 \mid x^2+y^2-2=0\}$$

$xy$평면상에서 이들 집합을 도시하면 $V_1$은 직선, $V_2$는 포물선, $V_3$는 원이 된다.

여기서 각 $V_i$의 정의방정식을 연립시켜서 새로운 대수다양체를 만들어 보자. 다만 각 $V_i$의 정의다항식을 간단히 하기 위해 $f_i$로 약기한다. 즉

$$f_1(x, y) = x-y,\ f_2(x, y) = x^2-y,$$
$$f_3(x, y) = x^2+y^2-2 \text{로 한다.}$$

$$V_4 = \{(x, y) \in R^2 \mid f_1(x, y) = f_2(x, y) = 0\}$$
$$V_5 = \{(x, y) \in R^2 \mid f_2(x, y) = f_3(x, y) = 0\}$$
$$V_6 = \{(x, y) \in R^2 \mid f_3(x, y) = f_1(x, y) = 0\}$$
$$V_7 = \{(x, y) \in R^2 \mid f_1(x, y) = f_2(x, y) = f_3(x, y) = 0\}$$

그러면 분명히 $V_4$, $V_5$, $V_6$은 2점씩으로 이루어지고 $V_7$은 유일한 점 $(1, 1)$으로 이루어지는 집합이라는 것을 알 수 있다. 또 다음의 관계도 명백하다(다만 여기서는 ∩는 물론 '공통부분'을 나타내는

기호이다).

$$V_4=V_1 \cap V_2,\ V_5=V_2 \cap V_3,\ V_6=V_3 \cap V_1,$$
$$V_7=V_1 \cap V_2 \cap V_3$$

 너무나도 트리비얼한 실례를 들어 머쓱해지는 느낌이지만 이것으로 171쪽의 대수다양체의 정의(*)의 의미를 시각적으로는 충분히 알게 되었을 것으로 생각한다.

 어떠한가. 실로 소박한 것이 아닌가. 그와 동시에 (*)에 있어서의 $n$이나 $m$ 그리고 다항식 $fi$의 차수(次數)──곱셈한 $x_1$, $x_2$……, $x_n$의 개수의 최고치──가 커짐에 따라 형편없이 복잡한 이야기가 될 것 같다는 싫은 예감도 들 것이다.

 이것이 말하자면 "고전적"인 대수기하의 가장 간단한 학문 규정이다.

 실제로는 현대의 대수기하의 교과서를 펼쳐 보면 어떤 것을 보아도 더 훨씬 추상적인 이야기부터 시작되고 있다. 첫 페이지부터 'scheme'이다, 'Spec'이다라는 뜻도 모르는 말이나 기호──제대로 읽으면 물론 '알 수' 있는 것이나──로 채워져 있고 좌표나 다항식은 고사하고 다양체조차 나오지 않는다. (일례로서 176페이지에 유명한 하츠혼의 교과서의 일부를 실어 둔다.)

 기하라고는 하지만 그럴듯한 그래프나 도형이 하나도 없는 것에 놀라는 독자도 있을 것이다. 그 대신 어쩐지 신비스런 화살표나 도식이 가득 적혀 있다.

 이런 추상화(抽象化)의 물결은 1960년대에 노도(怒濤)와 같이 밀어닥쳐 종전의 대수기하의 이미지를 일전시켜 버렸다. 그리고 이 1대 주역이 된 것이 부르바키의 산물인 국적도 갖지 않은 삭발(削髮)·맨발의 대(大)수학자 알렉산도르 그로탕디에크(A. Grothendieck , 1966년 필즈상수상)였던 것이다.

### 현대 수학의 알렉산더 대왕

그로탕디에크는 바로 현대 수학의 "전설의 인물"이다. 베를린에서 태어나고 유소년 시대에 나치스의 강제수용소를 체험하고 있다. 부친은 아우슈비츠에서 타계했다. 10대까지는 남프랑스의 몽뻬리에대학에서 전적으로 고립해서 자기류의 수학을 연구하고 있었으나 20세 때에 "운"이 돌아온다. 파리의 수학계에 참여하는 기회를 얻은 것이다.

그로탕디에크가 저 유명한 수학자집단 부르바키(Nicolas Bourbaki)의 세미나에 참가하게 된 경위를 죠치(上智)대학의 나가노 다다시(長野正) 교수는 다음과 같이 기록하고 있다.

> 졸업증명서도 갖고 있지 않을 것 같은 난민(難民)으로 훌쩍 나타나서 세미나에 출석하게 되었다. 그런데 너무나도 많은 질문을 하기 때문에 귀찮아 못견디겠다. 모양새 좋게 쫓아 버리려고 20개 정도의 문제를 서기(書記)가 주고 전부 푼 다음에 되돌아오도록 말하였다. 의외로 빨리 돌아왔다. 더 뜻밖인 것은 전부가 정해(正解)이고 게다가 잘못된 문제를 지적하여 바르게 고쳐서 풀고 있었다.

여기에 등장하는 '서기'란 프롤로그에서 언급한 듀돈네(Dieudonné)를 말한다. 베이유, 세일, H.카르탕 등 뜻밖의 수재들로 구성되는 부르바키·세미나에 있어서는 듀돈네조차 그 할당된 직무는 '유능하고 근면한 서기 겸 대변인' 정도가 분수에 맞은 것 같다.

이렇게 해서 파리의 수학계에 인지된 그로탕디에크는 그로부터

isomorphic to Spec $\mathbf{Z}[x_0/x_i, \ldots, x_n/x_i]$. Thus $X$ is of finite type. To show that $X$ is proper, we will use the criterion of (4.7) and imitate the proof of (I, 6.8). So suppose given a valuation ring $R$ and morphisms $U \to X$, $T \to \text{Spec } \mathbf{Z}$ as shown:

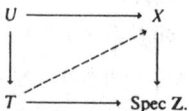

Let $\xi_1 \in X$ be the image of the unique point of $U$. Using induction on $n$, we may assume that $\xi_1$ is not contained in any of the hyperplanes $X - V_i$, which are each isomorphic to $\mathbf{P}^{n-1}$. In other words, we may assume that $\xi_1 \in \bigcap V_i$, and hence all of the functions $x_i/x_j$ are invertible elements of the local ring $\mathcal{O}_{\xi_1}$.

We have an inclusion $k(\xi_1) \subseteq K$ given by the morphism $U \to X$. Let $f_{ij} \in K$ be the image of $x_i/x_j$. Then the $f_{ij}$ are nonzero elements of $K$, and $f_{ik} = f_{ij} \cdot f_{jk}$ for all $i,j,k$. Let $v: K \to G$ be the valuation associated to the valuation ring $R$. Let $g_i = v(f_{i0})$ for $i = 0, \ldots, n$. Choose $k$ such that $g_k$ is minimal among the set $\{g_0, \ldots, g_n\}$, for the ordering of $G$. Then for

위는 R. 하츠혼 지음 『대수기하』의 시작부분. 아래의 사진은 A. 그로탕디에크(「수학세미나」제공)

급속히 두각을 나타내고 1957년 전후부터 폭발적인 활동기에 들어간다. 1957년의 기념비적 논문「호몰러지 대수의 몇 가지 점에 대해서」는 어떤 까닭인지 일본의 『도호쿠(東北) 수학 저널』에 발표되었다. 이러한 부분에도 그로탕디에크의 괴짜투가 이미 나타나고 있었던 것인데 이 논문은 통칭 "도호쿠"라고 부르는, 한때는 대수기하를 지향하는 사람으로서 필독의 논문으로 되어 있던 획기적인 중요 문헌이다.

내가 교양부의 1회생일 때 세미나의 교수가 이 논문의 카피를 준 일이 있다. 아직 프랑스어의 abc밖에 모르는 처지이면서 사전을 찾고 찾아 읽으려고 노력한 것이나 뒤에 학부의 선생으로부터는 '1회생이 그러한 것을 읽는 것이 아니야'라고 하여 어이가 없었다. 지금 와서 보면 그것도 당연한 이야기라고 생각한다. 무모라고나 할까 자못 교토대학의 어지간함의 면목에 어울려 지금은 그리운 추억의 하나이다.

60년대의 대수기하는 바야흐로 그로탕디에크의 시대로 돌입한다. 그이는 장대(壯大)한 비전과 정력적이고 창조적인 활동력을 갖고 대수기하의 기초를 깊게 파서 그 위에 추상 대수기하의 대가람(大伽藍)을 구축해 갔다. 요즘식의 말로 표현하면 대수기하의 '탈구축(脫構築)'을 해치운 것이다. '그 훌륭함과 장대함은 이이다카 시게루를 포함하는 세계의 재능을 감탄시켰다'라고 나가노 교수는 적고 있다.

그 이름대로 "현대수학의 알렉산더"로서 군림한 그로탕디에크의 활동상에 대해서 한때 그이에게 '사사(師事)한' 일이 있는 히로나카 교수는 다음과 같이 회상하고 있다.

그로탕디에크는 마치 개울이 없는 곳에 홍수를 일으키는 것과 같은, 진공청소기에 큰 기관차를 붙여서 수학의 세계를 뛰어돌아 다니는 것과 같은 인물이었다. 보통수학자라고 하면 자기에게 적합한 문제를 충분히 시간을 들여서 선택한다는 부분이 있으나 그이의 경우는 닥치는 대로 전부 하고 있는 것은 아닌가라고 생각될 정도의 괴인물로서 체력도 있으니까 하루에 100매, 200매나 논문을 쓴다. 그러한 가운데서 다음의 아이디어가 탄생된다는 유별난 맹렬형의 학자였다.

### 추상 대수기하의 흐름을 결정

"고다이라 스쿨"의 나미가와 유키히코, 나고야대학 조교수는 그로탕디에크류(流)의 추상 대수기하로의 흐름을 '궁극적이다'라고 하고 그 이유를 '대수기하의 기본 원리인 대수적 개념과 기하적 개념의 대응이 여기서는 완전한 형태로 성립하고 있기 때문이다'라고 하고 있다. 또한 추상 대수기하학에 '도형'이 나타나지 않는 점에도 언급하고 《추상》대수기하학이란 기하적 《개념》을 사용하는 수학을 말하는 것으로서 대수적 개념을 사용해서 기하적 대상을 취급한다는 《고전적》대수기하와는 질적으로 다르다'라고도 말하고 있다.

참으로 본질을 찌른 해석인데 같은 나미가와 조교수가 별개의 곳에서 지적하고 있는 것처럼 개념장치의 '이 확장에 따라서 대수기하학은 현대 대수학의 온갖 수법을 자유롭게 사용할 수 있게 되었으나 그 한편에서 기하학적 직관에서 이탈되는 위험도 증가하였다'라는 사실도 잊어서는 안될 것이다.

생생한 직관이나 본질을 내다본 비전이 뒷받침되어 있지 않은 것과 같은 추상론을 수학자의 말로는 '앱스트랙트 넌센스(abstract nonsense)'라고 한다. 한때 수학교육의 현장에서도 형태뿐인 집합론을 소중히 여겨 사이비(似而非) 모더니즘의 태풍이 사납게 불어

Ⅲ. 난문·대수다양체의 분류문제로의 도전  *179*

댄 일이 있었다. 그것이야말로 바로 앱스트랙트 넌센스의 전형이었던 것이다.

이야기를 고전적 대수기하학에 되돌리면 처음에 언급한 대수기하의 학문규정——기억하고 있는지?——즉 '대수기하란 대수다양체의 구조의 규명'이고 바꿔 말하면 '유한변수의 유한개의 다항식으로부터 이루어지는 연립방정식'을 연구하는 학문이다라는 특징부여야말로 초학자가 앱스트랙트 넌센스에 빠져 버리지 않기 위해 항상 명심해 두지 않으면 안되는 가훈(家訓)이라 해도 될 것이다.

사실 히로나카 교수도 어떤 장소에서 이 특징부여야말로 '대수기하학의 기초 부여의 발전과 확장을 이해하는 데에 가장 중요한 사고방법이고 또 현재 발전하고 있는 대수기하학의 여러 가지 특수한 분야에서 얼핏 보기에 다항식이 하나도 눈에 띄지 않는 것과 같은 이론에 있어서도 가끔 그 출발점과 목적의식에 있어서 이 사고방법은 기본적이다'라고 지적하고 있다.

예컨대 대수기하에 있어서는 여러 가지 장면에서 변수 변환에 수반되는 다항식의 변환의 방법이 문제가 된다. 이러한 장면에서는 위에서 언급한 대수기하의 견해는 참으로 '구체적이고 현실적이다'(히로나카 교수)라고 할 수 있다.

다만 이 책에서는 아직 실공간(요컨대 보통의 평면이나 공간)에 있어서의 실대수다양체의 더구나 가장 간단한 두, 세가지 예밖에 들지 않고 있다. 결국은 앞에서도 말한 것처럼 대수기하 이전의 이야기다.

사실은 변수를 복소수로 하고 동시에 사영(射影)공간 속에서 생각해 가는 것이 아니면 현재 진행 중인 대수기하의 이야기는 시작되지 않는다. 또 다항식이 중요하다고는 하지만 그것은 개개의 다항식이 이러니 저러니라는 것은 아니고 그들 다항식 전체의 집합

──이것을 '다항식환(環)'이라 부른다──의 대수적 구조가 어떻게 되는지가 중요하다는 것이다.

그래서 다음에 대수기하 이전의 '대수·기하'적인 실대수다양체의 분류를 소개하면서 보다 고도의 개념을 도입하는 것에 대한 필연성을 생각하고 아울러 원래의 의미에서의 '(고차원)대수다양체의 분류문제'를 상상하는 사전준비를 하도록 하자.

### 귀재와 기재

그에 앞서 그로탕디에크의 그 뒤에 대해서 급히 부가해 둔다. 1970년대의 일이다. 그로탕디에크는 갑자기 수학의 세계──더 정확히 말하면 수학자의 커뮤니티──와 결별해 버린다. 그이가 소속하고 있었던 프랑스의 고등과학연구소(IHES)가 NATO로부터 군사원조를 받고 있다는 사실을 알고 교수직을 사임하고 반전(反戰)과 에콜로지(ecology)의 민간운동에 빠져들어 버린 것이다.

그로탕디에크가 그것을 풀려고 희망하고 또 그를 위해서 장대한 추상대수기하학의 체계를 구축했다고도 말할 수 있는 당시의 중심적인 미해결문제였던「베이유의 예상」이 그이의 학생이었던 약관 29세의 도우리뉴에 의해서 최종적인 해결을 본 것은 그로탕디에크가 수학계를 떠난지 불과 3년 후인 1973년의 일이었다.

도우리뉴는 옛날의 스승이 키워 낸 새로운 방법을 자신이 비상시에 언제나 쓸 수 있는 것으로 하면서도 중요한 부분에서 스승이 구상하고 있던 노선과는 결별하여 독자의 길을 걸어서 해결에 도달하였다고 일컬어지고 있다.

그렇다고 해서 그로탕디에크의 노력이 전혀 무의미하였는가 하면 결코 그렇지는 않다. 그로탕디에크가 존재함으로서 도우리뉴였다라고도 할 수 있는 것으로서 이것이 역사의 진실이다. 운명이라 해도 좋을 것이다. 수학에는 이러한 사례가 수없이 있다.

당면의 테마에 준거해서 말하면 이이다카 교수의 소위 이이다카 프로그램과 모리 교수의 극소모델문제의 해결과의 사이에도 어딘가 그와 닮은 경위가 있다고 보는 수학자도 있다.

그것은 여하튼 최근의 그로탕디에크는 남프랑스에서 은거생활을 하고 명상(瞑想)에 힘쓰는 한편『수확과 뿌린 씨』라는 표제를 갖는 매우 길고(1000페이지 이상!) 동시에 참으로 불가사의한 책을 계속해서 쓰고 있는 것 같다. 이 책은 본인의 말에 따르면 '유럽어로 쓰여진 저작의 번역이 오리지널판보다도 먼저 다른 나라의 서점에 나타나는 유일한 경우'로서 서둘러 일본어로 번역되어 있기 때문에 일본어로 읽을 수 있다.

나도 읽어 보았는데 그 독후감은 한마디로 표현할 수 없다. 여기서는 '역시 귀재(鬼才)는 기재(奇才)이다'라고 논평해 둔다.

## 3. 분류 문제란 무엇인가?

**나누면 안다!**

그다지 친하지 않은 상대의 성격에 대해서 '저 사람은 B형이니까'라든가 '역시 저 녀석은 O형의 인간이구나' 등이라고 하는 인물평을 흔히 듣는다. 혈액형에 따른 성격판단에 얼마만큼 신빙성이 있는지는 모르나 아무튼 인간이라는 것에 일종의 분류 버릇이 있는 것만은 사실인 것 같다.

나눈다는 것, 즉 분류는 인간이 사물을 이해할 때의 중요한 방법이라고 보아도 좋을 것이다. 어렵게 말한다면 차이의 체계가 인지

구조(認知構造)와 동형으로 되어 있고 이 구조는 소쉬르가 해명한 구조언어학의 에센스이기도 하다.

페르마와 데카르트에 의해서 평면좌표의 아이디어가 정착하고 대수적 개념(방정식)과 기하학적 개념(도형)과의 밀접한 관계가 밝혀진 17세기 전반 이후 여러 가지 방정식이 결정하는 각종의 도형의 분류를 빈번히 시도하게 된 것도 인간의 본성에 뿌리내린 자연스런 추세였다고도 말할 수 있다.

### 2차곡선의 분류

역사상 최초로 분류된 것은 '2차곡선'이었다. 2차곡선이란 이제까지 나온 수학의 말을 사용해서 정확히 표현한다면 '2변수의 2차 다항식을 정의방정식으로 갖는 2차원 실평면상의 1차원 실대수다양체이다'라는 것이 된다. 2차곡선의 '차(次)'는 다항식의 '차수(次數)' 결국 간단히 말하면 곱셈을 한 문자의 개수의 최대치를 말하는 것으로서 다양체 자체의 '차원(次元)'의 의미는 아니니까 착오 없기 바란다. 다양체의 차원으로서는 독립변수가 하나이기 때문에 ——또 한 쪽은 종속변수가 된다—— 어디까지나 1차원이다. 일반적으로 1차원 대수다양체는 어떠한 경우에도 '곡선'이라고 불린다.

1차원 실대수다양체 즉 보통의 2차곡선의 가장 일반적인 정의방정식은 다음과 같이 된다.

$$ax^2+2hxy+by^2+2px+2qy+c=0$$

희망한다면 고교나 대학교양과정에서 배우는 소위 대칭행렬을 사용해서 이렇게 적어도 상관없다.

$$f(x, y)=(x, y, 1)\begin{bmatrix} a & h & p \\ h & b & q \\ p & q & c \end{bmatrix}\begin{bmatrix} x \\ y \\ 1 \end{bmatrix} = 0$$

그래서 이 정의방정식에 적당한 회전이나 평행이동 등의 변환을 시행해 주면 고교수학에서 익숙해진 네 가지 형태의 2원 2차방정식으로 분류할 수 있다. 즉 이러하다.

  I   $x^2+y^2=r^2$,    $r>0$
  II   $ax^2+by^2=1$,    $a, b>0$
  III   $ax^2-by^2=1$,    $a, b>0$
  IV   $y^2=ax$,          $a\neq 0$

다만 여기서는 예컨대

$$(y-ax)(y-bx)=0$$

처럼 1차방정식으로 분해할 수 있는 형태는 의도적으로 분류에서 제외시키고 있다. 왜냐하면 1차방정식은 직선을 나타내고 그 곱은 합집합에 대응하기 때문에 이 경우는 결국 2개의 직선의 합집합으로 환원할 수 있기 때문이다

주지하는 바와 같이 I의 형태가 원, II가 타원, III이 쌍곡선, IV가 포물선을 나타내어 2차곡선은 이것으로 완전히 분류할 수 있다.

이들 4개의 곡선은 고대 그리스의 시대부터 알려지고 '아폴로니우스의 원뿔(圓錐)곡선'이라고 늘 불러온 것도 대다수의 독자는 알 것이다. 원뿔곡선이라는 이름의 유래는 다음 페이지의 그림처럼 이들의 곡선이 하나의 평면을 커터(cutter) 대용품으로 해서 직원추를 둥글게 잘랐을 때에 그 절단면의 가장자리에 나타나는 것으로부터 오고 있다.

2차곡선이 이렇게 잘 분류되었으니까 다음은 3차곡선이다, 4차곡선이다라고 더 고차(高次)의 곡선의 분류까지 손을 대고 싶어지는 것이다. 실제 저 뉴턴 경 등은 이 문제에 상당히 열을 올린 것 같

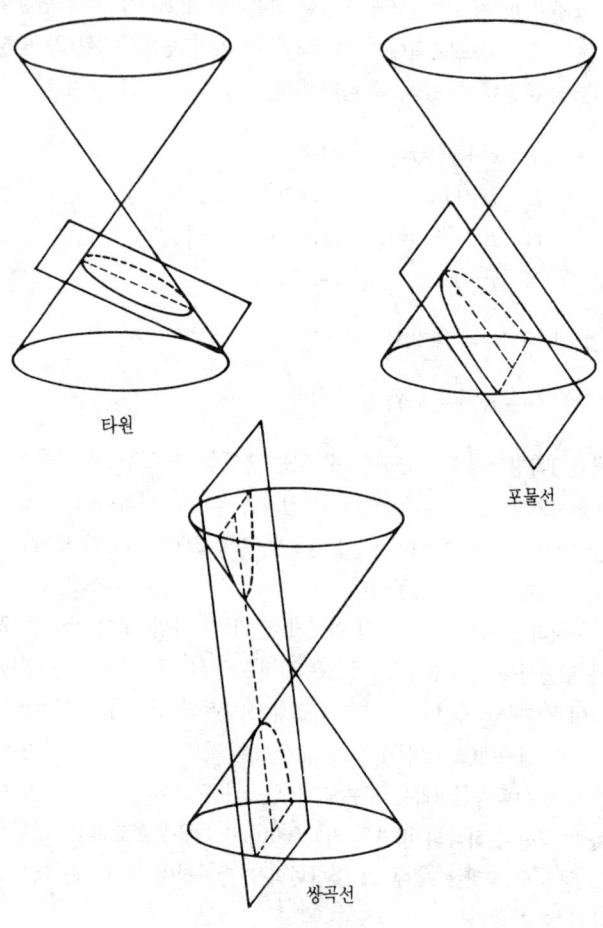

아폴로니우스의 원뿔곡선

아서 뉴턴 전집에는 이 문제를 추구한 총 150페이지까지나 이르는 합계 3편의 논문이 수록되어 있다는 것이다.

### 3차곡선의 분류는 뉴턴도 감당할 수 없다.

뉴턴은 2원 3차방정식——일반형은 몹씨 길어지기 때문에 생략한다——에 좌표변환을 시행해서 우선 다음의 네 가지 형태를 추출하였다.

$$xy^2 + ey = ax^3 + bx^2 + cx + d$$
$$xy = ax^3 + bx^2 + cx + b$$
$$y^2 = ax^3 + bx^2 + cx + d$$
$$y^2 = ax^3 + bx^2 + cx + d$$

그런데 여기서부터가 큰일이어서 그이는 이것을 또 72개의 등급(class)으로 나누고 각각에 그럴 듯한 명칭을 붙이고 있는 것이다. 뿐만 아니라 뉴턴의 분류의 불완전성을 발견한 후계자가 이것 또한 새로 6개의 등급을 추가하였다고 한다.

이렇게까지 번잡하게 되면 이미 분류 따위로 부를 수 있었던 대용품은 아닌 것이 된다. 박물학적 흥미는 있으나 단순명쾌함을 "아름다움"으로 하는 수학의 정신으로부터는 거리가 멀다고 말하지 않을 수 없다.

이러한 종류의 이야기를 듣는 것과 관련하여 나는 옛날에 읽은 적이 있는 중국의 어떤 백과사전의 분류법이 생각나서 저절로 웃음이 터져 나온다. 걸작이기 때문에 조금 길어지지만 인용해 둔다.

동물은 다음과 같이 나눈다. (a)황제에 속하는 것 (b)향기를 내뿜는 것 (c)사육해서 길들여진 것 (d)젖을 먹는 돼지 (e)인어

(人魚) (f)이야기에 나오는 것 (g)놓아 기른 개 (h)이 분류자체에 포함되어 있는 것 (i)미치광이처럼 떠드는 것 (j)헤아릴 수 없는 것 (k)낙타털의 매우 가는 모필로 그린 것 (l)기타 (m)방금 항아리를 깨뜨린 것 (n)멀리서 파리처럼 보이는 것

어떠한가. 뉴턴의 3차곡선에도 뒤지지 않는 개성적인 분류로 되어 있을 것이다. 그것은 여하튼 대천재 뉴턴조차 막다른 골목에 빠져버린 것도 실은 무리가 아니었던 것이다. 그 이유는 2차곡선과 같은 발상으로 분류하려고 하는 한 3차곡선은 처음부터 지나치게 복잡한 상대이고 무엇보다도 3차곡선처럼 고차의 대수곡선을 보다 본질적인 견지에 서서 분류하기에는 시대가 약 200년 정도 너무 빨랐기 때문이다.

### 리만의 "삼위일체"

대수곡선의 본질적인 분류는 리만(1826~1866)의 천재적 통찰력을 가지고 비로서 가능하게 되었다. 1857년 「아벨 함수론」이라는 제목 아래 발표된 논문에서 리만은 소위 대수함수론의 골격을 구축한 것이다.

그 요지를 약간 당돌할지 모르나, 상세한 수학용어의 해설은 일단 제쳐놓기로 하고 우선 여기서는 슬로건풍으로 표시해 둔다. 그렇다면 리만의 위대한 "발견"의 진면목은 오늘날의 말로 표현하면 1변수 대수함수체, 사영곡선, 폐 리만면(面), 이 세 가지 개념이 문자 그대로 "삼위일체"인 사실을 간파한 점에 있다고 말할 수 있다.

이 세 가지는 순차로 대수적, 기하적, 해석적인 방법론에 결부된 수학적 대상으로 되어 있고 결국은 여기에서 수학의 역사적인 세 가지 조류가 보기 좋게 합류를 성취하였다고 할 수 있는 획기적인

사건이었다.

"삼위일체"를 노리는 지향(志向)은 그 뒤의 대수기하의 정신에 결정적인 영향을 주었다. 그러나 여기서는 이야기가 길어지기 때문에 우선 대수적인 관점은 할애하고 사영곡선과 리만면과의 일치에 화제를 압축한다. 리만면의 "구멍의 수"가 왜 대수곡선의 분류에 있어서의 본질적인 지표라고 할 수 있는가 그 언저리를 어쩐지 알아버리려고 하는 것이다.

### 복소수의 도입

그를 위해서는 생각하고 있는 수의 범위——최초에 보여 준 대수다양체의 정의에 있어서의 $k$——를 실수에서 복소수에로 확대하는 것이 꼭 필요하다. 복소수 $z$는 2승하여 $-1$이 되는 수 $i$——이것을 '허수단위'라 한다——와 2개가 1조인 실수 $u$와 $v$를 사용해서

$$z = u + iv$$

라고 적을 수 있다. $u$와 $v$는 제멋대로 취할 수 있는 독립적인 수이기 때문에 그것들을 2개의 직교(直交)좌표축상에 플롯(plot)하면 $Z$를 평면상의 1점으로서 표시할 수 있다. 이것이 다름아닌 '복소평면' 바로 그것이다. 결국 복소수는——이것을 관례에 따라 $C$라는 기호로 적는다——실수로 고치면 보통의 감각으로 말하면 2차원의 평면 $R^2$이 되는 것이다. 따라서 복소수의 2차원 평면 $C^2$은 실제로는 실4차원의 공간인 $R^4$을 말한다. 또한 복소수의 3차원 공간 $C^3$은 실6차원 공간 $R^6$과 같게 되고 이하 마찬가지이다.

그래서 다음으로 우리들이 잘 알고 있는 2차곡선을 복소수로 생각하는 것으로부터 시작하자. 2차곡선에는 네 가지 형태가 있었는데 원은 타원의 특별한 경우라고 생각하는 것이 자연스럽다. 또 a

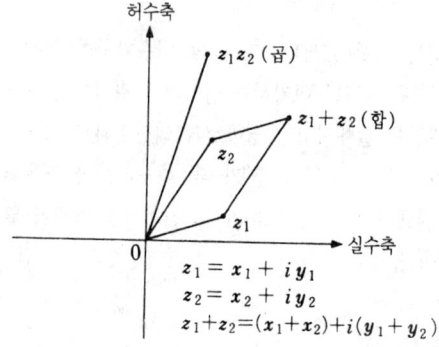

$z_1 = x_1 + iy_1$
$z_2 = x_2 + iy_2$
$z_1+z_2=(x_1+x_2)+i(y_1+y_2)$

실수는 아래 그림처럼 직선상의 점으로 표시된다.

복소수는 평면상(2차원)의 점으로밖에는 나타낼 수 없다.

나 b 등의 계수 부분은 예컨대

$$x \to \sqrt{a}\,x, \qquad y \to \sqrt{b}\,y$$

등의 상사(相似)변환을 시행하고 이때 1로 일치시켜 두자. 그러면 새로운 2차곡선의 표준형은 다음의 세 가지 형태로 산뜻하게 정리된다.

  I   $x^2+y^2+1$
  II  $x^2-y^2=1$
  III $y^2=x$

여기서 II에 허(虛)의 변환

$$x \longrightarrow x, \; y \longrightarrow iy$$

를 생각해 보자.

III. 난문·대수다양체의 분류문제로의 도전  *189*

$$-(iy)^2 = -(i)^2 y^2 = -(-1)y^2 = y^2$$

이기 때문에 II도 I의 형(型)과 전적으로 같은 형태로 된다.

나머지는 III의 포물선인데 이것을 I의 형으로 일치시키는 것은 이제까지의 지식만으로는 약간 까다롭다. 그래서 '사영공간(射影空間)'이라는 새로운 장치를 도입한다.

### 사영공간의 장치

사영공간이란 무엇인가를 일상감각의 이미지로 설명하는 것은 쉽지 않다. 이 공간은 눈에 보이는 형태로는 재현할 수 없고 머리 속에서 구성할 수밖에 없기 때문이다. 그것이야말로 "수각"만이 지각(知覺)할 수 있는 수학적 대상이라 말해도 될 것이다. 결과론부터 먼저 말하면 사영공간 중에서 가장 간단한 것인 사영평면은 토폴러지적으로 말하면 소위 '뫼비우스의 띠'의 테두리를 맞붙여서 1점으로 축소한 것과 같은 상(相)으로 된다.

계산용지를 잘게 썰어서 한번 비틀고 양끝에 풀칠을 하기 바란다. '뫼비우스의 띠'가 만들어질 것이다. 이번에는 그 테두리——이것은 하나로 연결되어 있다——를 맞붙여 보기 바란다.

만들어졌는지? 아무리 노력해 봐도 만들어질 리가 없다. 이러한 것은 3차원 공간 속에서는 불가능한 것이다. 그러나 가공의 좌표축을 머리 속에 또 한 개 떠올려서 4차원 공간으로 해두면 어떻게든 맞붙이는 것도 가능하다.

그러나 어쩐지 뇌세포까지 비틀어 구부러져 버릴 것만 같다. 4차원 공간에서 맞붙일 필요가 있는 도형 중 조금더 상상하기 쉬운 것으로 '클라인의 항아리'가 있다. 이것은 원통(圓筒)의 양끝을 비틀어서——즉 뒷면으로부터——맞붙인다고 하는 것이다. 3차원 공간 속에서 이 조작을 행하려고 하는 한 한번 원통을 빠져 나가지 않으면 안된다. 초능력으로 "벽뚫고 나가기"가 가능하면 이러한 것도 가능하나 그렇지 않는 한 현실적으로는 불가능한 조작이다. 이전에 유리로 만든 '클라인의 항아리'의 장식품의 사진을 본 적이 있다. 이것은 물론 "모조품"인 것이다.

실은 트러스, 클라인의 항아리, 사영평면의 세 가지는 토폴러지적으로는 밀접한 관계가 있다. 3자매(姉妹)라 해도 될 것이다. 장녀인 트러스는 참으로 순진하고 '응대(應待)를 잘하는' 아름다운 소녀이나 차녀, 3녀가 됨에 따라 개성미가 뚜렷하다. 특히 3녀인 사영평면은 문자대로 '그림으로도 그릴 수 없는 아름다움'이다. 우선 다음 페이지의 그림을 참조하여 자기나름으로 상상해 보는 것밖에는 달리 방법이 없을 것 같다.

그러면 왜 이러한 '그림으로도 그릴 수 없는' 장치를 도입할 필요가 있는 것인가 하면 실은 그렇게 하지 않을 수 없는 수학의 내적인 사정이 있는 것이다.

대수기하는 앞에서도 말한 바와 같이 처음에 기하학적 도형이 있는 것이 아니고 본질적인 대상은 어디까지나 다항식 등 대수적인 소재이다. 이 소재를 요리하는 "조리법"이라 할지라도 암만해도 대수적 방법이 주류가 된다.

그리고 한번 대수적 방법의 관점에 서면 사영공간은 그 겉보기의 복잡성에 반해서 참으로 다루기 쉬운 이성적(理性的)인 대상이라 말할 수 있는 것이다.

추상화를 좋아하지 않는 사람으로서는 피카소나 클레이, 에른스트 등은 단순한 돈벌이의 대상이나 지적인 패션에 불과하지만 좋아하는 사람으로서는 더할 나위 없이 훌륭한 예술작품이다. 사영공간도 비유를 해 보면 그러한 추상예술의 정수(精粹)라고 말해도 좋

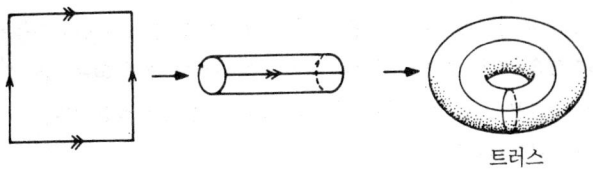

트러스

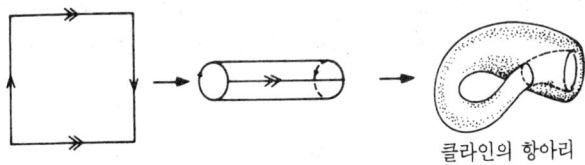

클라인의 항아리

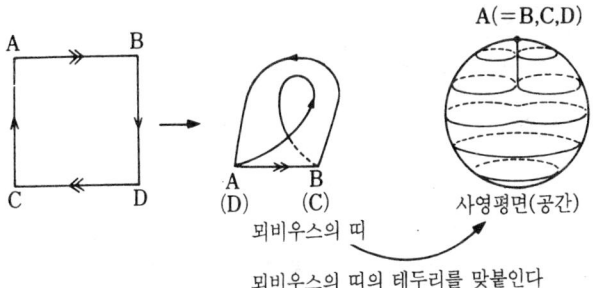

뫼비우스의 띠의 테두리를 맞붙인다

사영공간의 토폴러지적인 이미지.

올지 모른다.

그래서 다음에 사영공간을 간단히 정의하고 이 공간에서 사물을 생각했을 때에 대수적 대상이 얼마만큼 다루기 쉽게 되는가를 2차곡선이라는 지금 우리들이 문제로 하고 있는 구체적인 예에 준거해서 설명해 보자.

그런데 사영공간이란 한마디로 말하면 무한히 멀리 있는 점에서의 방정식의 거동까지 사정(射程)에 넣어 버리자는 발상이다. 구체적으로는 새로운 변수 $x_0$를 가하여 다항식의 각 항의 차수를 일치시키면 된다. 다만 금후에는 세 개의 좌표 $x_0$, $x_1$, $x_2$의 비가 같은 조 전부를 사영공간에 있어서의 같은 하나의 점으로 간주한다. 즉 이러하다.

$$(x_0, x_1, x_2) \equiv (\lambda x_0, \lambda x_1, \lambda x_2) (\text{다만 } \lambda \text{는 임의의 실수})$$

그래서 포물선의 방정식Ⅲ에 이 좌표──제차(齊次)좌표라든가 동차(同次)좌표라 부른다──를 다음의 변환으로 도입하여 식을 조금 변형한다.

$$x \longrightarrow \frac{x_1}{x_0},\ y \longrightarrow \frac{x_2}{x_0} \text{ 일 때}$$

$$y^2 = x \longrightarrow \left(\frac{x_2}{x_0}\right)^2 = \frac{x_1}{x_0}$$

$$\therefore\ x_2{}^2 - x_1 x_0 = 0$$

$$\therefore\ x_2{}^2 + \frac{1}{4}(x_1 - x_0)^2 - \frac{1}{4}(x_1 + x_0)^2 = 0$$

여기서 재차 변환

$$x_0 \longrightarrow z_2 - z_1,\quad x_1 \longrightarrow z_2 + z_1,\quad x_2 \longrightarrow z_0$$

를 시행하면 Ⅲ의 포물선의 방정식은 결국 다음에 보여 주는 Ⅳ와 같은 형태로 낙착된다.

Ⅳ  $z_0^2 + z_1^2 + z_2^2 = 0$

그러면 이 관점에서 보면 Ⅰ은 어떻게 되는 것일까. 곧 좌표변환을 해보자.

$$x \longrightarrow \frac{z_0}{iz_2}, \quad y \longrightarrow \frac{z_1}{iz_2} \text{ 일 때}$$

$$x^2 + y^2 - 1 = 0 \longrightarrow \left(\frac{z_0}{iz_2}\right)^2 + \left(\frac{z_1}{iz_2}\right)^2 = 1$$

$$\therefore \ z_0^2 + z_1^2 + z_2^2 = 0$$

자, Ⅳ와 완전히 같은 형태로 되어 버렸다. 2차곡선을 복소사영공간 속에서 생각하여 적당한 변환을 시행하면 모두 Ⅳ의 형태로 귀착되어 버린다. 결국 원이다, 타원이다, 쌍곡선이다, 포물선이다라고 하는 고교생이나 수험생을 계속 괴롭히고 있는 아폴로니우스의 망령이 흔적 없이 사라져 버려 사나운 눈보라가 그친 후 "눈덩어리" 하나가 뒹굴고 있었다는 이야기다.

### 2차곡선은 구면(球面)이다!? …… 그러면 어떠한 구면인가?

이 곡선, 실은 겉보기에도 "눈덩어리"와 다를 바 없다. 리만면으로 말하면 무한히 멀리 있는 점을 모두 한 점으로 축소한 소위 리만구면과 같게——정확히는 쌍유리동치(雙有理同値)——되기 때문이다.

곡선인데 구면이라니 이거 어떻게? 지금은 복소수로 생각하고 있는 것을 잊지 말기 바란다. 복소수에서는 1차원의 곡선도 실수의 감각으로는 2차원이 되고 결국은 곡면이라는 것으로 된다. 그리고

2차원 복소사영공간이라는 이름의 4차원의 공간 속에 있는 "직선"은 사실인즉 1차원 복소사영공간이라는 이름의 2차원의 구면 바로 그것으로 된다는 것이다.

또한 대수적인 견지에서 보면 상세한 설명은 생략하지만 이것은 '1변수 유리함수체'라 부르고 있는 대수학에서는 낯익은 구조와도 같은 형으로 된다. 그래서 '유리함수'에 연유해서 간단하게 '유리곡선'이라고도 늘 불려지고 있다. 점점 이야기가 까다롭게 되었는데 뭐니 해도 "삼위일체"를 상대로 하고 있는 것이니까 달리 방법이 없다. 게다가 이렇게 해서 같은 구조를 갖는 것을 분별도 없이 동일시해 가는 것은 수학자의 상투수단이다.

### 리만면은 구멍의 수(종수)로 알 수 있다(나뉘어진다)

여기서 리만면에 대해서 간단히 해설해 둔다. 리만면은 '종수(種數)'에 따라서 분류할 수 있다. 종수를 정의하는 방법은 여러 가지로서 헤아려 보면 양손가락만으로는 부족할 정도이다. 그러나 어느 것도 전문적인 해설을 빼고는 '의미불명'의 것뿐이기 때문에 여기서는 그 건에 대해서는 언급하지 않는다.

다만 정의가 난해한 데 비해서 그 이미지는 매우 선명하다. 요컨대 종수 0의 리만면이 지금 말한 눈덩어리(구면)이면 종수 1의 리만면은 구멍이 하나 뚫린 독신자용의 튜브의 표면. 종수 2의 리만면은 구멍이 두 개 뚫린 신혼부부용의 튜브의 표면. 종수 3은 구멍이 세 개 뚫린 아빠·엄마·아기용의 튜브의 표면…… 이하 마찬가지다. 물론 도넛이나 풍선에 비유해도 괜찮다. 수학용어로 말하면 '트러스'이지만 요는 종수가 그 구멍의 수를 결정하고 있는 점이 중요한 것이다.

과격하고 동시에 엄격한 정신집중 속에서 거의 장난감과도 같은

# Ⅲ. 난문·대수다양체의 분류문제로의 도전

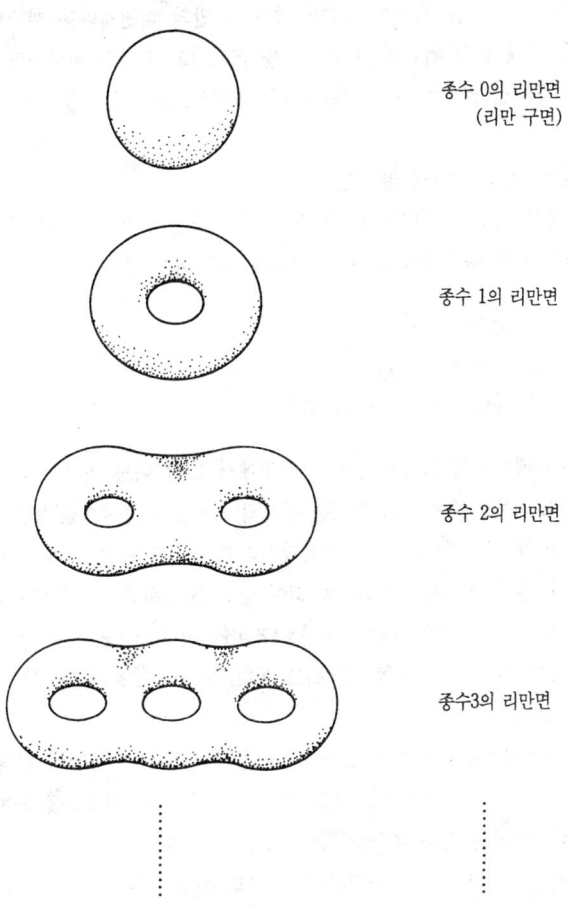

종수 0의 리만면
(리만 구면)

종수 1의 리만면

종수 2의 리만면

종수3의 리만면

리만면과 종수

평범한 이미지를 발견한 부분에 천재 리만의 대천재다운 까닭이 있다. 그래서 "삼위일체"의 긴박감을 빼버리고 도넛의 이야기만으로 어물어물 얼버무리는 것은 사실은 바람직스럽지 않지만…….

### 리만면에서 3차곡선을 보면

어떻든 리만의 방법을 3차 이상의 대수 곡선에 적용시키면 어떻게 되는가를 다음에서 알아보자. 세 개 정도 예를 든다.

A  $y^2 - x^3 = 0$
B  $y^2 = x(x^2 - 1)$
C  $y^2 + x^{2n} = 1$, $(n = 1, 2, 3, \cdots\cdots)$

다음 페이지의 그림은 실수의 범위에서 그린 이들 곡선의 프로필이다. 이들의 특징적인 형태는 원래의 곡선을 실평면으로 둥글게 잘랐을 때에 나타나는 도형에 상당한다고 보아도 될 것이다. 그건 그렇다 하더라도 A는 뾰족하게 되어 있고 B는 하나의 곡선이면서 둘로 나뉘어져 버려 어쩐지 불가해(不可解)이다. 3개의 도형 중에서는 C가 가장 낯익은 형태를 하고 있다. 분명히 말해서 "방석" 바로 그것이다.

차수(次數)로 말하면 A, B가 3차곡선, C는 $2n$차의 곡선이 된다. 아무튼 이러한 프로필만을 보고 있어도 두서 없는 인상밖에 남지 않는다. '세계는 잡다(雜多)하다!'라고 묘하게 깨닫고 마는 것도 방법이지만 여기서는 리만을 본떠서 사물의 본질에 다가서고자 하는 것이다. 그래서 우리들도 다음으로 복소사영공간으로 무대를 옮겨서 생각하기로 하자.

리만에 따른다면 "잡다한 세계"도 본질적으로는 구멍의 수가 다른 것뿐인 "튜브"의 세계로 환원될 것이다.

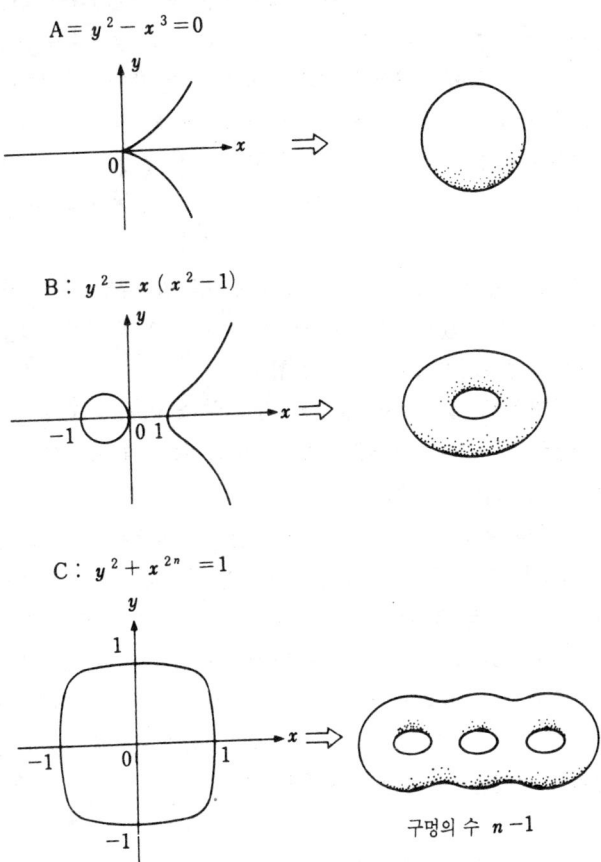

여러 가지 대수 곡선. 대수기하학자에게는 왼쪽의 곡선이 오른쪽같이 보이는 것 같다——.

그렇다면 어떤 곡선이 어떠한 튜브——정확히 표현한다면 리만면——가 되는가를 한눈으로 알 수 있는지? 만일 당신이 종수의 공식을 알고 있어 방정식의 형태로부터 판단할 것이라면 별개이겠으나 앞 페이지(197쪽)의 그림의 모양새를 본 것만으로 정해(正解)를 낼 수 있었던 것이라면 당신은 의심할 것 없이 초능력자이다. 반드시 스푼이든 도쿄타워든 구부릴 수 있을 것임에 틀림없다.

그러한 초능력이 없는 선남선녀를 위해 답을 적어두면 A는 리만구면, 즉 구멍이 없는 풍선, B는 구멍이 하나인 도넛면, C는 구멍을 $n-1$개 갖는 도넛면으로 분류할 수 있다.

C의 경우 예컨대 4차곡선 $y^2+x^4=1$, 6차곡선 $y^2+x^6=1$, 100차곡선 $y^2+x^{100}=1$의 리만면은 차례로 구멍의 수가 1개, 2개, 49개의 도넛면으로 되는 것이다.

A와 B의 예에서 알 수 있는 것처럼 같은 3차곡선이라고는 하지만 리만면이라는 관점에서 보면 그 속에는 구멍의 수가 다르다는 의미에서 등급을 달리하는 것이 있다. 즉 양자는 본질적으로 '상이한' 것이다. 2차곡선이 모두 같은 하나의 "눈덩어리"가 되고 바꿔 말하면 리만구면이라는 단지 하나의 등급에 속해 있던 것에 비해 얼마나 상이한 것인가. 뉴턴이 3차곡선의 적확한 분류에 실패하지 않을 수 없었던 참된 이유가 여기에 있다.

### 곡선의 파라미터와 특이점

의욕적인 고교생을 위해 조금만 전문적인 이야기를 보충 설명해두면 리만면에 구멍이 뚫려 있다고 하는 것은 그 곡선에 어떠한 좌표변환을 시행하여도 하나의 파라미터(매개변수)로는 곡선전체를 표시할 수 없는 것을 의미하고 있다.

그래서 다음으로 문제가 되는 것은 여러 가지 대수 곡선에 대해서 그것들을 표시하는 데 필요한 파라미터의 수의 최소값을 아는 일이다. 가령 그것이 하나로는 될 수 없다 하더라도 적으면 적을수록 취급이 쉬워지는 것이기 때문에 구체적인 곡선의 연구를 하는 경우 이 문제는 매우 중요하게 된다.

파라미터의 수나 그 성질을 논하는 부문은 '모듈러스(modulus) 이론'이라 부르고 대수기하 중에서도 상세하게 연구되어 있는 부문의 하나이다. 그 상세함은 소개할 여가가 없으나 예컨대 우리들의 당면의 문제의식으로 말하면 일반의 4차곡선의 경우는 6개의 파라미터가 필요하다는 것, 그것이 5차곡선이면 15개로 증가하고 10차곡선이라면 105개까지 팽창되어 버린다는 것 등 여러 가지 사실을 알고 있다.

여기서는 언급하고 있지 않지만 이러한 지식, 소위 '특이점'의 수나 성질에 대한 거듭 중요한 성과에 입각하여 4차곡선까지는 완벽한 분류표가 완성되어 있다.

여기서 특이점이란 예컨대 우리들이 알고 있는 예로는 197쪽의 그림 A에서 보는 "뾰족한 점" 등이 그 전형이다. 이러한 날카로운 점은 '첨점(尖点)'이라 부르고 있다. 전형적인 특이점으로서는 또하나 '결절점(結節点)'이라 부르는 것이 있다. 이것은 이미지로 말하면 곡선이 스스로 십(十)자로 교차하고 있는 교차점을 말한다. 참고로 4차곡선에 나타나는 모든 특이점을 시각화(視角化)한 모델을 201쪽의 그림에 표시해 둔다.

'뭐야, 비슷한 것뿐이고 1개를 제외하면 나머지는 두 개의 패턴을 극히 약간씩 구별하여 그리고 있는 것뿐이잖아'라는 의문도 당연히 생길 것이다. 이 그림을 보는 한 확실히 그러하다. 그러나 이것들은 어디까지나 시각화한 모델이고 이미지에 불과하기 때문에 그 점

착오 없도록 하기 바란다. 어떻게 해서든지 '차이를 알 수 있는 사람'이 되고 싶은 사람은 각오를 단단히 하여 본격적인 공부를 시작하는 길밖에 없다.

19세기에도 4차곡선의 분류를 시도한 수학자가 있어 그이는 10개의 등급으로 유별하였다. 그런데 그이는 중요한 특이점의 몇 개에 대한 파악을 빠뜨려 실제의 절반 이하밖에는 파악하고 있지 않았다고 한다. 현재의 분류에서는 4차곡선의 등급은 모두 21개인 것이다.

5차곡선에서는 230 이상의 등급으로 나눈 분류도 있다고 하는데 6차 이상의 대수곡선에 대한 마찬가지의 분류는 아직 실행되고 있는 것 같지 않다. 지나치게 복잡해져 수학자의 취미에 맞지 않고 분류의 방법이 확립된 이상 원리적으로는 일단의 전망이 서 있는 것이니까 수학자들이 그다지 솔깃하지 않는 것도 무리는 아니다.

게다가 무엇보다도 수학자에게는 더 본질적이고 중요한 문제가 남겨져 있다. 말할 것도 없이 2차원 이상의 고차원 대수다양체의 분류문제가 그것이다. 그래서 이제까지 보아온 1차원 대수다양체(곡선)의 분류이론의 성과에 입각하여 다음으로 2차원에서의 연구의 전개를 보아 가기로 하자.

### 2차곡선에서 2차곡면으로

2차원 대수다양체는 옛부터의 관례에 따라 모두 '곡면(曲面)'이라 부르고 있다. 실공간 $R^3$속만의 이야기로 한정하면 확실히 눈으로 본 대로의 "곡면"이 되기 때문이다.

곡선 때와 마찬가지로 우선 실공간에 있어서의 2차곡면의 분류부터 시작한다. $R^3$이니까 이번에는 변수가 3개로 된다. 그것을 $x, y, z$라 하고 2차곡면의 정의방정식을 적으면 최고 차수가 2이니까

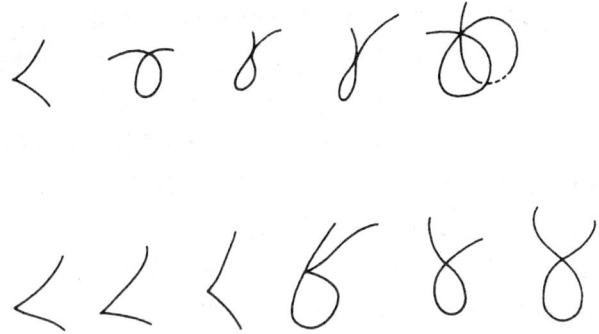

4차원 곡선에 나타나는 모든 특이점의 모델과 분류. (이이다카 시게루 외 『데카르트의 정신과 대수기하』에서)

일반형은 이렇게 된다.

$$f(x, y, z) = ax^2 + by^2 + cz^2 + 2exy + 2fyz$$
$$+ 2gzx + 2px + 2qy + 2rz + d = 0$$

또는 대칭행렬을 사용해서 말쑥하게 표시하면 이러하다.

$$f(x, y, z) = (x, y, z, 1) \begin{pmatrix} a & e & g & p \\ e & b & f & q \\ g & f & c & r \\ p & q & r & d \end{pmatrix} \begin{pmatrix} x \\ y \\ z \\ 1 \end{pmatrix} = 0$$

그래서 곡선 때와 마찬가지로 이 식에 적당한 좌표변환을 시행해서 소위 표준형을 유도해 내는 것이 문제가 되는 것인데 이것은 대학의 초년급에서 배우는 '대수와 기하'(선형대수학)의 모양새의 연습문제이다.

상세한 것은 생략하지만 행렬의 지식을 사용해서 계산하면 모두

9개의 형(型)의 본질적으로 상이한 "형태"를 갖는 곡면을 유도해 낼 수 있다. 각각은 상이한 종류의 방정식으로 적을 수 있다는 것이지만 여기서는 그것도 생략하고 '눈으로 본' 차이만을 다음 페이지(203쪽)에 도시해 두겠다. 어떠한가, 상당히 아름다운 것이 아닌가.

이들의 분류작업은 선형대수학의 이론적 완성과 서로 어울려서 19세기 중반까지에는 완전히 종료되고 있었다. 3변수로도 2차의 다항식은 비교적 길들이기 쉬운 대상이었던 것이다.

앞으로 나아가기 전에 여기서 하나만 주의를 촉구해 둔다. 203쪽의 그림 중 후반 4개의 2차곡면 즉 타원기둥, 포물기둥, 쌍곡기둥, 그리고 2차뿔면의 4개의 곡면의 형태는 단순하다. 3종류의 2차곡선, 즉 타원, 포물선, 쌍곡선 각각을 그대로 수직으로 연장해서 기둥모양으로 하든가 또는 기울기를 가진 직선을 공간 속에서 1회 전시켜서 소위 직원뿔을 신축시킨 도형을 만들어 주면 되는 것이다. 이들 곡면이 단순하게 되어 있는 이유의 하나에는 그것들이 각각의 곡면상에 무수한 직선을 포함하고 있는 사실을 들 수 있다.

그러면 전반 5개의 소위 '고유한' 2차곡면, 즉 타원면, 1엽쌍곡면, 2엽쌍곡면, 타원포물면, 쌍곡포물면의 5개의 특징적인 곡면에 대해서는 어떠할까.

### 선직(線織)곡면은 직선으로 짜 넣어 만들어져 있다.

실은 이 속에서 1엽쌍곡면과 쌍곡포물면과의 두개의 곡면에 대해서는 역시 그 곡면상에 무수한 직선이 실려 있다는, 같은 사실을 알아차릴 수 있는 것이다. 이처럼 직선의 합집합으로 구성되는 곡면을 직선으로 짜 넣어 만들어져 있는 곡면이라는 의미에서 '선직곡면'이라 부른다.

그러면 다음으로 2차곡선 때에 시도해 본 것처럼 이번에는 2차

III. 난문·대수다양체의 분류문제로의 도전  *203*

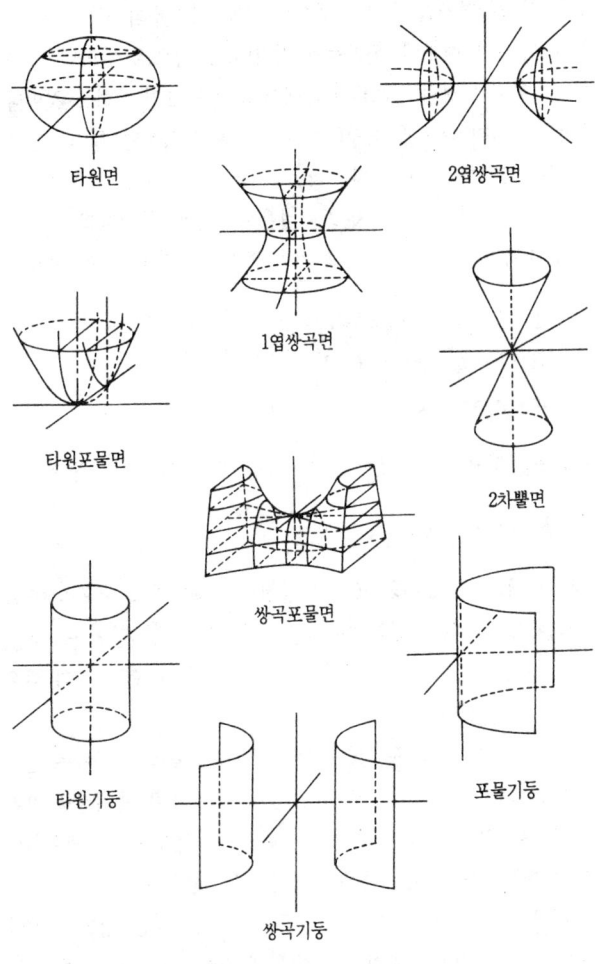

2차곡면의 분류.

곡면을 복소사영공간 속에서 생각해 보자. 복소수의 3차원 공간이 기본으로 되기 때문에 우리들의 감각(실공간)으로 말하면 6차원 속의 4차원의 도형인 "곡면"에 대해서 조사해 보려고 하는 것이다.

사영공간이기 때문에 제차(齊次) 좌표를 도입하면 형식적인 변수의 수는 4개가 된다. 그것을 $z_0$, $z_1$, $z_2$, $z_3$라 하자. 그래서 재차 앞에서 한 것처럼 여러 가지 좌표변환을 시행하면 결과적으로 2차곡면의 정의방정식은 다음의 세 가지 형으로 귀착시킬 수 있다.

I  $F = z_0^2 + z_1^2 + z_2^2 + z_3^2 = 0$
II  $F = z_0^2 + z_1^2 + z_2^2 = 0$
III  $F = z_0^2 + z_1^2 = 0$

이것들을 뒤로부터 차례차례 보아가면 III의 형의 2차곡면은

$$F = (z_0 + iz_1)(z_0 - iz_1) = 0$$

로 분해되어 결국 $z_0 + iz_1 = 0$으로 결정되는 평면과 $z_0 - iz_1 = 0$으로 결정되는 평면과의 합집합으로 된다. 즉 복소사영 평면——이것 자체가 4차원 공간 속의 도형이지만——을 두 개 던진 것과 같은 곡면으로 되는 것이다.

다음으로 I과 II의 형인데 이들 두 개의 본질적인 차이는 결론적으로 말하면 II가 특이점을 갖는 것에 반해 I은 특이점을 갖지 않는 부분에 있다, 결국 이들 형의 개략적인 이미지를 스케치한다면 다음 페이지의 그림과 같은 느낌이 되는 것이다.

개략적인 이미지에서 유추(類推)를 거듭하는 것은 정말은 바람직스럽지 않은 것이다. 그것은 예컨대 하이에나(hyena)는 죽은 동물의 고기를 찾아다니기 때문에 사악(邪惡)한 동물임에 틀림없다고 믿어버린다든가 역으로 상업광고의 실속없는 겉치레를 그대로

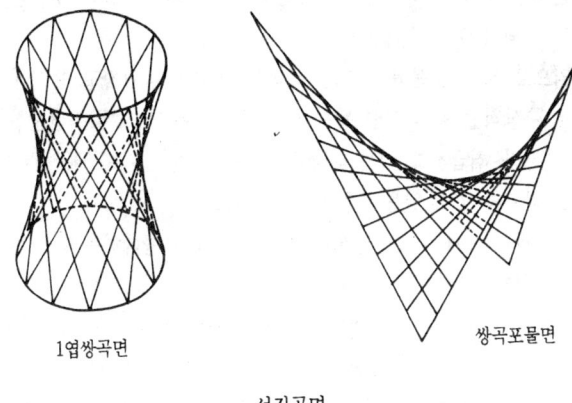

1엽쌍곡면　　　　　　　쌍곡포물면

선직곡면.

받아들이는 것과 마찬가지로 반드시 바람직스러운 것은 아니다. 그러나 이 부분은 잠깐 멋대로 상상해 보자. 그러면 Ⅲ은 물론 Ⅰ이나 Ⅱ의 위에도 무수한 직선이 실려 있는 모양을 알아차릴 수 있다.

실은 이 직관은 다행히 정곡을 찌르고 있는 것이다. 실공간에서 뿐만 아니고 복소사영공간에 있어서도 직선으로 짜넣어진 곡면은 '선직곡면'이라 부르고 있다. 이 말을 사용한다면 복소사영공간에 있어서의 고유한 2차곡면은 실공간의 경우와 달리 어느 것도 선직곡면이 되는 것이다. 공간을 잡는 방법에 따라서 "곡선"의 분류가 단순화될 수 있었던 것과 마찬가지로 "곡면"의 분류도 또한 매우 간결하게 된다는 것이다.

게다가 여기서 말하는 '직선'이란 앞에서 언급한 유리곡선을 말한다. 바꿔 말하면 1차원 복소사영공간 즉 리만구면 바로 그것이니까 주의 바란다. 잡다한 사물을 한마디로 단정지어 생각하려고 할 때에는 아무리 해도 그 '단정짓는 방법' 그 자체의 사고의 수준은 복잡하게 되지 않을 수 없다.

역으로 말하면 분류의 기준이 되는 개념이 복잡하고 동시에 고도로 추상적인 것이 되면 될수록 반대로 분류 그 자체는 단순한 것으로 된다. 취급하고 있는 대상은 어차피 같은 것이기 때문에 이것으로 과부족 없이 일을 매듭짓는 것이다.

소박한 사물에 대한 견해로 잡다한 분류에 만족하는가 또는 고도의 개념장치를 몸에 지니고 분류의 단순화로 도모하는가——어느 쪽을 택하는가는 실사회에서는 사람들 각자의 문제이다. 극단적으로 말한다면 기호의 문제라고도 할 수 있다.

그러나 수학에 관한한 위대한 선배들은 항상 단호하게 후자의 길을 걸어 왔다. 그러했기에 새로운 개념장치와 방법론의 "발명"이 그대로 새로운 수학적 대상의 "발견"에도 연결되어 온 것이다.

결국 수학에 있어서는 "발명"과 "발견"은 별개의 것이 아니고 하나로서 불가분의 것이다. 그리고 이 사실을 성립시키고 있는 것이 수학적 발상의 본질이라고도 하여야 할 현실세계의 무엇에도 구애되는 일이 없는 자유롭고 추상적인 사고이다. 집합론의 원조 게오르그 칸토어(1845~1918)가 적절하게 말한 것처럼 '수학의 본질은 그 자유성에 있는' 것이다.

덧붙여 말하면 선직곡면 중 가장 간단한 구조는 유리곡선 2개를 마치 평면좌표의 두 개의 좌표축처럼 하여 취해서 만들어지는 평면이다. 이것이 '유리곡면'이라 부르는 것이나 유리곡면은 2차원 복소사영평면과 대수기하적으로는 같은 구조가 된다는 것을 알고 있다. 유리직선이나 유리곡면은 실공간에 있어서 보통의 직선이나 평면이 수행하고 있는 것과 마찬가지 역할을 복소사영공간에서 떠맡고 있다. 그 의미에서도 이들은 대수기하에 있어서 가장 기본적인

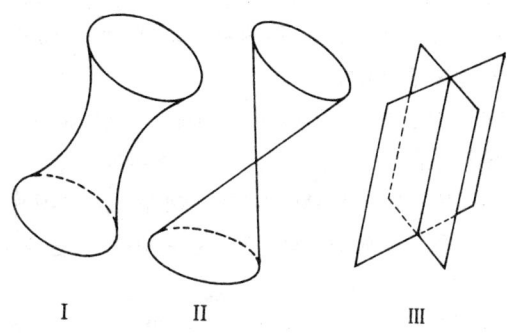

복소2차곡면의 모델.

개념의 하나라고 하여도 될 것이다.

그렇다고는 해도 실제로는 우리들의 일상적인 지각이나 직관에 의존하는 한 상상조차 할 수 없는 고차원의 도형이라는 것에 변함은 없기 때문에 물론 도저히 종이 위에 도시할 수 있는 것은 아니다.

3차곡면의 경우에도 선직곡면이 나타난다. 그렇다고 하는 것보다 3차곡면은 선직곡면이 되든가 그렇지 않으면——그 곡면 위에 무수히 많은 직선이 실려 있지 않으면——고작 27개의 직선밖에 포함하지 않는 것이다. 이 사실은 약 100년 전부터 대수기하학자 사이에 알려져 있었다.

### 곡선에는 특이점이 있다

고차곡면의 분류를 위해 다음 2, 3개의 개념을 "강압적"으로 정의해 둔다. 고차곡면에 한정되지 않고 대수다양체의 분류 일반에 관해서 큰 문제로 되는 것이 앞에서 잠깐 언급한 보통의 점과 같이는 취급할 수 없는 점이고 그 의미에서 소위 "특이"한 체질을 가진 점 즉 '특이점'의 존재이다.

이제까지 곡선은 모두 "삼위일체"에 의해서 리만면과 같게 된다고 예사롭게 언급해 왔으나 이것은 사실인즉 엄밀히 말하면 그다지 정확한 표현은 아니다. 실제 곡선은 일반적으로는 유한개의 특이점을 갖고 있고 그대로는 리만면과 같은 매끈한 복소다양체의 구조는 가질 수 없는 것이다.

용어상의 주의점을 한마디 해둔다. 대수다양체라 말하고 복소다양체라 말하여 우리나라 말로는 같은 '다양체'라는 말로 번역되어 있으나 영어로는 전자를 '버라이어티(variety)', 후자를 '매니폴드(manifold)'로 나누어 사용하고 있다. 그 차이는 요컨대 전자는 특이점을 갖고 후자는 그것이 없다는 점에 있다고 생각해도 큰 잘못은 없을 것이다. 확실히 버라이어티 쪽이 자못 버라이어티가 풍부한 기분이 든다.

## 블로잉 업과 블로잉 다운

그러면 이제까지 면면히 말해 온 것은 전부 잘못인가 하면 결코 그렇지는 않다. 특이점이 있는 곡선은 그 특이점을 중심으로 '블로잉 업'이라 불리는 조작을 '유한회' 시행함으로써 특이점이 없는 곡선으로 되기 때문이다. 이것을 '특이점의 해소(解消)'라든가 '환원'이라고 하는데 이렇게 해서 만들어진 특이점을 갖지 않는 소위 '비특이곡선'이 리만면에 대응하고 있는 것이다.

블로잉 업은 곡선뿐만 아니고 곡면에 대해서도 유효하다. 그리고 이 조작은 이미지적으로 말하면 곡면상의 1점을 유리곡선으로 바꿔 놓는 것과 같은 개조 내지는 "수술(手術)"을 의미하고 있다. 몇 번이나 반복해서 지적해 온 것처럼 유리곡선이란 다름아닌 리만구면 바로 그것이기 때문에 1점을 부풀려서 구면으로 해 버린다고 말해도 상관없다.

역으로 이 "풍선"(리만구면)을 찌그러뜨려서 1점으로 축소시켜 버리는 조작이 '블로잉 다운'이다. 블로잉 업과 블로잉 다운은 대수기하의 상투수단의 하나로 되어 있다. 덧붙여 말하면 블로 업의 원래의 어의는 '부풀린다, 잡아늘이다, 파열한다' 등이기 때문에 바로 꼭 들어맞는 명명이라 할 수 있다. 블로 다운 쪽은 아마 조어(造語)일 것이다.

그런데 이와 같이 어떤 곡면상의 1점에 블로잉 업을 시행해서 만들어진 유리곡선을 '제1종 예외(例外)곡선'이라 부른다. 그리고 어떤 대수곡선으로부터 이 제1종 예외곡선을 블로잉 다운에 의해서 차례차례 찌그러뜨려 가고 드디어 제1종 예외곡선을 포함하지 않게 된 곡면을 그 대수곡면의 '상대(相對)극소모델'이라고 말하는 것이다.

### 극소모델이란 무엇인가?

원래의 곡면과 상대극소모델과는 대수기하학적으로는 같은 것으로 간주되고 이것을 '쌍유리동치(雙有理同値)'라 부른다. 서로 쌍유리동치인 곡면을 전부 모아 하나로 하고 그 밖의 무수한 곡면에 대해서도 마찬가지 작업을 행하면 몇 갠가의 통합이 생긴다. 이것이 '쌍유리동치류'인데 그 각각의 류(類, class) 안에는 물론 무한히 많은 대수곡변이 포함되어 있다. 상대극소모델의 위치부여는 따라서 그러한 무한으로 많은 대수곡면 안에 있고 그것이 속하는 등급을 대표하는 가장 상태가 좋은 것의 하나, 좋은 성질을 가진 것의 하나라고 보아도 될 것이다.

그래서 다음의 중요한 정리(定理)가 알려져 있다.

「쌍유리동치류가 적어도 2개의 상대극소모델을 포함하면 이 동치류에 포함되는 곡면은 유리곡면 또는 선직곡면이고 이때 무한개의 상대극소모델이 존재한다.」

이 정리를 역으로 해석하면 상대극소모델이라고는 해도 유리곡면이나 선직곡면이 아닌 이상 단지 1개밖에 존재하지 않는 것이 된다. 결국 잘 알려진 유리곡면이나 선직곡면은 일단 제쳐놓고 기타의 미지의 대수곡면에 대해서는 '상대'라는 문자를 이때 과감히 제거시켜버려 단적으로 '극소모델'이라 불러도 아무런 문제는 일어나지 않는 것이다.

이 정리의 의의를 조금더 추궁해서 생각해 보자. 유리곡면이나 선직곡면은 우리들 문외한으로서는 참으로 감당할 수 없을 만큼 복잡하기 이를 데 없는 개념으로 상상하는 것조차 할 수 없다. 그러나 이들의 개념도 대수기하학자로서는 소위 유사시에 언제나 쓸 수 있는 것으로 개나 고양이처럼 잘 길들여진 친숙한 대상으로 되어 있다.

그래서 고차원의 대수다양체를 문제로 하는 경우에도 무수히 있는 그들의 대수다양체에서 우선 유리곡면이나 선직곡면에 해당하는 것과 같다고 간주할 수 있는 것은 이미 뻔한 대상이기 때문에 이것을 분류작업에서는 일단 제외시켜도 상관없는 것이다.

그래서 다음으로는 남은 대수다양체를 어떻게 분류하는가가 문제가 된다. 아무튼 "나머지의 것"이라고는 해도 무수히 있는 것이기 때문에 단지 막연하게 바라보고 있다가는 의미있는 분류는 할 수 없다. 다종다양한 동물이 서식하는 정글을 헤치고 들어가 보기는 하였으나 그 너무나도 많은 수에 해야할 방법도 없이 단지 막연하게 언제까지나 그곳에 서 있는 동물분류학의 조사대와 같은 것이다.

여기서 만일 어떤 마을에 당도하였더니 마을 사람들이 정글에 사는 모든 종류의 동물을 한 마리씩 울타리에 넣어 사육하고 있는 작은 동물원을 만들고 있었다면 어떠할까? 조사대의 사람들은 일일히 정글을 뛰어다닐 필요도 없고 그 작은 동물원을 관찰하는 것만으로 정글에 서식하는 모든 동물의 분류를 완성시킬 수 있다. 작은 동물원에 사육되고 있는 한 마리씩이 그것이 속해 있는 동물 종류를 대표하는 '모델'이 되는 것이다.

치졸한 비유로 죄송하나 대수다양체의 분류문제에 있어서의 '극소모델'의 존재의의도 실로 여기에 있다고 말할 수 있다. 허다한 견본을 취할 것도 없이 '모델'이 되는 한 마리를 조사하면 그것이 속하는 종류의 특성을 안다는 것이니까 이것만큼 훌륭한 이야기는 없다.

특히 상대가 맹수와 같은 경우라면 더더욱 그렇다. 이것을 조사대가 생포하는 것은 큰 일일 것이다. 만일 한마리라도 그것이 작은 동물원에 사육되고 있으면 조사대의 노력과 시간은 굉장히 절약된다. 대수다양체라 해도 고차원이 되면 될수록 "맹수"의 수와 그 "흉폭성"의 정도는 증대하여 간다. 이것들을 분류하는 작업에 관여하고 있는 조사대에 있어서 앞에서 말한 "작은 동물원"의 존재는 문자 그대로 사활문제로 되는 것이다.

물론 일반적으로는 그러한 형편 좋은 "작은 동물원"이 존재하는지 어떤지는 알 수 없다. 2차원 대수다양체와 같은 소위 문명화가 상당히 진행된 지역에서는 확실히 "작은 동물원"을 갖는 마을이 존재한다는 것을 보여 준 것이 앞에서 말한 중요한 정리였던 것이다.

그러면 문명을 아직도 받아들이지 않고 있는 광대한 정글인 3차원 대수다양체의 세계에 과연 "작은 동물원"을 갖는 마을은 존재하고 있는 것일까? 수학의 말로 번역한다면 3차원에서도 극소모델은 존재하는 것일까?

이 마을의 탐색의 길은 극도로 곤란하였다. 많은 모험가들이 탐색 도중에 쓰러지고 사람들은 차츰 '그러한 엘도라도(황금향)와 같은 마을은 이 광대한 정글의 어디에도 존재하지 않음에 틀림없다'라고 생각하게 되었다.

그런데 반쯤 체념하는 분위기가 감돌기 시작할 때 생각지도 않은 낭보(朗報)가 날아들어 온다. 그 보고는 '큰 나무를 베어 넘어뜨리고 몹시 거친 여울에 다리를 놓아 절벽을 기어올라가지 않으면 안되나 확실히 마을은 존재한다!'라고 알려 온 것이다. 이것이 물론 모리 시게후미 교수의 '3차원 대수다양체의 극소모델의 존재증명'이었던 것은 말할 것도 없다.

이 비유담(談)으로 개략적인 이미지를 파악한 시점에서 다시 수학 그 자체의 세계로 되돌아가기로 하자.


## 4. 모리 이론의 탄생

아직도 곡면(2차원 대수다양체)의 이야기라고는 하지만 가까스로 모리 시게후미 교수의 필즈상 수상 이유 속에 있었던 키 워드(key-word)인 '극소모델'에 당도하였다. 생각하면 기나긴 도정(道程)이었다.

**극소모델을 보면 곡면을 알 수 있다.**
이이다카 시게루 교수는 2차원 대수다양체의 분류를 인간의 얼

Ⅲ. 난문·대수다양체의 분류문제로의 도전  213

굴의 수염의 유무에 비유하고 있었다. 그 대강의 줄거리는 이러한 이야기다.

　인간의 얼굴에는 대충 말하자면 수염이 없는 얼굴, 수염이 보통으로 나 있는 얼굴, 전체가 수염투성이의 얼굴의 3종류가 있다. 수염이 없는 얼굴은 그 얼굴의(따라서 얼굴을 갖는 사람 자신의) 정체를 알기 쉽다. 그래서 수염이 있는 얼굴에서도 수염을 뽑고 싶으나 보통으로 나 있는 경우——이것이 다수파——는 수염을 모두 뽑을 수 있고 수염이 없는 얼굴로 환원할 수 있다. 그러나 수염투성이의 얼굴에서는 그 전부를 뽑을 수 없다. 이 경우는 비교적 드문 얼굴로 소수파에 속한다.

　이디다카 교수가 여기에서 수염에 비유하고 있는 것이 다름아닌 제1종 예외곡선 바로 그것이다. 따라서 수염을 뽑아낸 얼굴이란 극소모델 그 자체인 것이다. 그리고 이디다카 교수는 이 비유를 사용해서 곡면분수이론의 연구의 본연의 자세를 다음과 같이 두 갈래로 분류하고 있다.

① 수염이 조금 있는 경우(다수파)=수염을 뽑아 극소모델로 한 다음 통일적으로 연구한다.
② 수염이 밀생(密生)하고 있는 경우(소수파)=될 수 있는 대로 수염을 뽑은 다음 조사하면 수염도 정렬(整列)되어 버려 개별 연구를 할 수 있다.

　쉬운 것 같으면서 사실은 굉장히 난해한 비유이나 사항자체가 아주 난해하기 때문에 여기는 감각적인 이해에 투철할 수 밖에 없을 것 같다.

　그 대신 조금 역사적인 이야기를 부가하여 둔다. 대수곡면의 연구는 19세기 말에서 20세기 초엽에 걸쳐서 엔리케스, 카스텔누어붜 등의 이탈리아학파에 의해서 폭발적으로 발전하였다. 그이들은 대수곡선의 종수에 해당될 것 같은 것을 몇 개나 발견하고 그것을 기초로 하여 대수곡면의 분류표를 거의 완성해 버린다.

그러나 자칫하면 직관이 지나치게 앞질러 나아가 엄밀성의 요구에 견딜 수 있는 것은 아니었던 것 같다. 이탈리아인적인 쾌활함이 약동하고 있었다고 말못할 것도 없으나 시대는 그리고 수학은 무엇보다도 엄밀성을 추구하고 있었다.

이탈리아학파의 작업을 근본으로부터 개선해서 현재의 분류 이론의 기초를 구축한 수학자가 러시아 태생의 미국인 오스카 자리스키(1899~1986)다. 자리스키는 히로나카 교수의 은사이기도 하다. 교토의 수재에 불과했던 히로나카씨를 하버드대학에 초청하여 "세계의 히로나카"로 키워낸 주연배우라 해도 될 것이다.

곡면에 있어서의 극소모델의 존재 정리는 현대 수학에 통용되는 엄밀한 형태로는 그 자리스키에 의해서 1958년에 증명되어 있다. 이에 따라서 앞에서 말한 것처럼 곡면을 분류하는 데에는 극소모델만을 생각하면 되도록 되고 여기에 곡면 분류론의 기초가 구축된 것이다.

그 뒤 1950년대에서 60년대에 걸쳐 이룩된 고다이라 박사의 연구의 본질적인 여러 성과를 에폭(epoch)으로 하여 70년대 전반까지 곡면의 분류는 일단의 결말을 보게 되었다. 그러면 다음은 드디어 3차원 대수다양체의 분류이다.

### 이이다카 프로그램의 등장

'1970년은 일반 분류 이론 탄생의 해로서 수학사에 남게 되었다. 이 해에 이이다카 시게루에 의해서 일반 차원의 다양체의 분류 프로그램이 제출되었기'때문이라고 나미가와 유키히고(浪川幸彦), 나고야대학 조교수는 말하고 있다.

이 소위「이이다카 프로그램」은 일본수학회 편집의 계간잡지 『수학』의 1972년 1월호에도「대수다양체의 종수와 분류Ⅰ」이라는 제목으로 발표되어 있다. 간행은 71년 말에 되었으나 논문의 제출은 1970년 9월 29일로 기록되어 있다. 시대적으로는 프롤로그에서 말한 것처럼 히로나카 교수가 필즈상을 수상하고 교토대학에서 학부학생을 위한 강의를 한 시기와 꼭 겹치는 것이다.

7년 후인 1977년 나는 당시 도쿄대학의 조교수였던 이이다카 씨와 처음 만났는데 그때에도 10세 연상의 이 대학자와 대면하고 무언가 마치 젊은 고교생과 상대하고 있는 것과 같은 매우 신선하고 상쾌한 인상을 받은 것이다. 이렇게 말하면 매우 실례가 되는 폭언으로 들릴지도 모르나 나 자신은 진지하게 그렇게 생각한 것이다. 그 후 나는 '머리가 예리한 사람일수록 "마음은 언제나 소년"인 것이다'라고 믿게 되었다

「대수다양체의 종수와 분류Ⅰ」은 다음과 같은 전문(前文)으로 시작되고 있다.

> 현재(1970년 당시)까지의 최대의 성과는 이탈리아학파 플러스 고다이라 구니히코의《대수곡면의 분류이론》과 히로나카 헤이스케의《특이점의 해소정리》일 것이다.
> 이 원고에서는 특이점의 제거 이론에 기초를 두고 대수곡면의 분류 이론에 본보기를 취하면서 고차원 대수다양체의 분류 이론(의 프로그램)을 구축하는 것을 시도해 보고자 한다. 그때의 중요한 지주(支柱)는 A·그로탕디에크가 전개한 스킴(scheme)의 이론이다.

계속되는 문장에서 이이다카 씨는 '분류'의 의미도 명확화하고 있다. 즉 '여기서 말하는 분류란 쌍유리동치에 의한 완전한 대수다

양체의 분류를 의미하는 것은 아니다. 그렇지는 않고…… 우리들의 목적은 《고차원의 대수다양체에도 종수를 정의하고 그것에 따라서 이산적(離散的) 분류를 행하는 것》이라고 할 수도 있다'라고 자기 규정하고 있는 것이다. 여기에 나온 인명이나 용어도 모르는 사람에게는 "미지의 나라의 언어"이지만 이 책에서는 이미 낯익은 것뿐이다.

일반적으로 말해도 분류에는 항상 큰 자유도가 수반한다. 무언가 선험적(先驗的)인 분류 기준이라고 하는 것이 일의적으로 결정되어 있는 것은 아니다. 예컨대 동물을 포유류와 파충류로 분류하는 사람이 있는가 하면 인간보다 큰가 작은가로 분류하는 사람도 있을 것이다. 그 중에는 먹을 수 있느냐 먹을 수 없느냐의 2분법을 취하는 실제가(實際家)의 사람조차 있을지도 모른다.

수학적 대상의 분류라 해도 어느 정도는 같은 사정이 성립한다. 특히 2차원 이상의 대수다양체처럼 형편없이 복잡한 대상에 대해서는 어떠한 기준을 갖고 분류하는가에 따라서 연구의 본연의 자세가 크게 좌우된다. 물론 그렇다고 해서 제멋대로의 기준을 잡으면 되는가 하면 결코 그렇지는 않다.

이야기는 전혀 반대여서 생산적인 이론의 발전을 위해서는 어떠한 분류기준을 잡는 것이 최선인가, 그것을 찾아낼 수 있는지 없는지에 따라 수학자의 재능과 센스의 진가(眞價)가 따져지는 것이다. 그래서 일반적으로 말해도 미해결 문제의 프로그램을 제출한다고 하는 대작업은 참으로 유능하고 동시에 깊은 지식과 넓은 시야를 함께 갖춘 수학자라야 비로소 가능한 것이라고 말할 수 있다. 1900년에 23문(問)의 미해결 문제를 제기하고 금세기의 수학이 나아가야 할 길을 장대한 프로그램에 통합한 힐베르트 등은 바로 그러한 대수학자의 전형이었다고 말할 수 있을 것이다.

그 의미에서도 이이다카 프로그램은 나미가와 조교수가 말하는 것처럼 바로 획기적인 사건이었던 것이다.

### 3차원 극소모델은 손에 잡히지 않는다

이이다카 논문은 분류 이론에 있어서의 여러 가지 미해결 문제를 제시한 후 다음과 같은 감동적인 문장으로 맺고 있다. "숭고한 정열에 불탄 젊은이들이 일어서서 거듭되는 발전을 이룩해 줄 것을 바라면서 이 편견에 가득찬 논설을 끝내고자 한다."

실제 1970년대의 분류 이론은 이이다카 프로그램이 지시한 "길 없는 길"을 나아가는 형태로 발전하고 일본은 이 분야에 있어서의 중심적인 거점이 되어 세계적인 정보 발신지의 역할을 수행하였다. 그리고 70년대가 박두한 무렵에는 3차원 대수다양체의 분류 이론도 거의 그 전모를 나타내기에 이르렀다. 우에노 켄지(上野健爾) 교수가 그때까지의 성과를 정리한 분류표를 헬싱키의 국제수학자회의에 보고한 것은 1978년의 일이다. 다만 이 시점에서도 또 그 이후도 줄곧 3차원 극소모델의 존재증명에 관해서는 거의 손에 잡히지 않는——즉 손듦——상황이 계속되고 있었다. 당시 이이다카 교수도 어떤 논문 속에서 '3차원 이상에서의 극소모델의 문제는 매우 어렵다'라고 개탄하고 있다(1982년).

그런데 이이다카 교수의 한숨이 아직 멈추기 전에 극소모델 문제라는 한치 앞도 보이지 않았던 칠흑의 어두운 밤에 생각지도 않은 곳에서 상쾌한 아침의 빛이 비치기 시작한다. 같은 82년 분류 이론의 방법론에 참으로 새로운 시대를 구획하는 것으로 된 모리 이론이——즉 쌍유리변환을 해석하는 전혀 새롭고 동시에 매우 강력한 도구인 'extremal ray(단사선, 端射線)의 이론'이——탄생한 것이다.

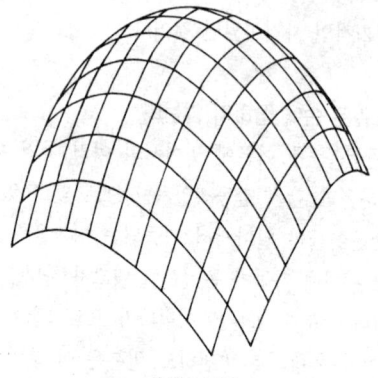

부풀은 곡면

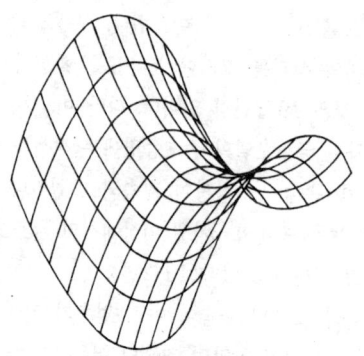

움푹 들어간 곡면

부풀은 곡면과 움푹 들어간 곡면.

## 모리 이론의 사고방식

프롤로그에서도 언급해 둔 것처럼 모리 이론은 「하츠혼 예상」이 해결되는 과정에서 생긴 '예상외의 정리'(모리 교수)에 발단하고 있다. 이하 모리 교수 자신의 설명을 바탕으로 그 경위와 모리 이론의 대충의 이미지를 정리해 둔다(이 이후의 설명은 어디까지나 "이야기"로서 읽기 바란다. 만일 당신이 정확히 모리 이론을 이해하고 싶은 것이라면 이 책은——이 책뿐만 아니고 모리 교수 자신의 논문 이외의 어떠한 책도——전적으로 선택의 잘못이다). 우선 「하츠혼 예상」부터 시작한다. 다만 이 예상 자체는 이제까지의 제반 준비만으로는 도저히 설명할 수 없기 때문에 모리 교수를 본떠서 「프란켈 예상」 쪽을 설명한다.

프란켈 예상은 하츠혼 예상의 미분기하에 있어서의 대응물이지만 후자가 옳으면 전자도 옳다는 것이 보여져 있기 때문에 모리 교수에 의한 하츠혼 예상의 해결(1978년, 논문은 79년)에 의해서 프란켈 예상도 자동적으로 해결되었다.

그러면 지금 타원면에 닮은 곡면(앞 페이지의 위의 그림)과 쌍곡포물면에 닮은 곡면(앞 페이지의 아래의 그림)을 생각한다. 미분기하에서는 전자를 '양으로 구부려져 있다', 후자를 '음으로 구부려져 있다'라고 표현한다. 바꿔 말하면 전자는 도처에 '부풀은 곡면'이고 후자는 말의 안장처럼 '움푹 들어간 곡면'이다. 실제로는 소위 '곡면'은 아니고 더 고차원의 다양체로 생각할 수 있으나 여기서는 상상하기 쉽도록 곡면을 모델로 하여 이야기를 진행시킨다.

프란켈 예상——따라서 하츠혼 예상——이 의미하는 바는 모리 교수에 따르면 다음과 같이 된다.

'도처에 부풀어 있는 도형은 탁구공처럼 구면이 아니면 안된다.'

여기서 말하는 '탁구공'이란 실제로는 1차원 내지 2차원의 사영공간을 말한다. 우리들의 비유로 말한다면 '풍선'이라 바꿔 말해도 아무런 상관이 없다.

모리 교수는 이 문제 즉 '공간이 어딘가에서 부풀어 있으면 어딘가에 탁구공이 존재한다'라는 것을 '일부분의 부풀음을 어딘가에 잘 응축시키는' 것에 의해서 증명하였다. 이 수법을 발전시킨 것이 모리 이론이다.

모리 이론에서는 탁구공에서 잘 정보를 추출하기 위해 221쪽의 그림과 같은 다각뿔——'콘, cone'이라 부른다——을 고찰의 대상으로 한다.

### 콘(다각뿔)의 끝에 의미가 있다!

'콘이라고 하는 개념은 이전부터 있었으나 그 콘의 끝의 점이 뾰족하다는 것을 인지한 것이 이론의 시작이다. 뾰족하니까 무언가 기하학적인 의미가 있을 것이다. 왜 그럴까?'라고 생각하고 있는 동안에 그 다양체에 있어서는 '단지 그 끝의 점만이 중요한 정보'라는 것을 인지하였다, 라고 모리교수는 말하고 있다. 그 '끝(한쪽 구석)의 정보'를 포착하기 위한 제반준비가 'extremal ray'인 것이다. 이 말은 문자대로 '가장 끝의 광선'을 의미하고 있다. 즉 '단사선'이다.

그래서 3차원 대수다양체의 극소모델인데 이것을 모리 교수의 말로 표현하면 '그것 자체는 도처에 음으로 구부러져 있는 공간'으로 보아도 좋은 것으로 된다. 그렇게 본 다음 멋대로 공간(3차원 대수다양체의 모델)을 주고 그것이 극소모델(즉 음으로 구부러져 있는 공간)이 되지 않는 원인을 콘과 단사선을 사용해서 조사한다.

그러면 크게 두 가지 경우로 나뉘어지고 하나는 공간이 도처에 양으로 구부러져 있는 것이 된다. 이 경우는 극소모델을 잡을 수 없기——전혀 종류가 다르기——때문에 별개의 방법으로의 연구

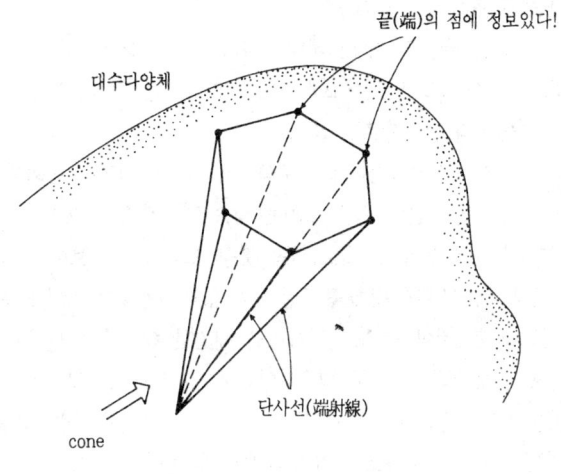

콘과 단사선

로 귀착된다.

 문제는 그렇게 되지 않는 또 하나의 경우이다. 이 경우는 공간내의 어떤 종류의 곡면이나 곡선이 방해가 되어 있고 그 정보가 마치 체내의 이변(異變)이 얼굴이나 피부의 증상으로 되어서 나타나는 것처럼 콘의 뾰죽한 각으로 나와 있다고 본다.

### 교묘한 조작으로 방해물을 없앤다

 그래서 다음으로 이 "방해물"을 없애고자 하는 것인데 여기서는 두 가지 조작이 기본으로 된다. 하나는 '공간에서 곡선이나 곡면을 빼내고 대신에 점을 집어 넣는' 조작이다. 1차원이나 2차원에서의 블로잉 다운의 자연스런 확장으로 보아도 될 것이다. 모리 교수 자신은 '찌브러뜨린다'라든가 '배낭의 넓은 주둥이를 끈으로 꽉 조인다'라는 표현을 하고 있다.

또 하나는 곡선을 한 번 빼내고 뒤집어서 원래로 되돌려 주는 '플립($flip$)'이라고 부르는 조작이다. 모리 교수는 이것을 '실뜨기'라든가 '수술'이라고도 부르고 있다.

이 두 가지 조작을 반복해서 주의깊게 행하여 가면 유한회의 조작으로 주어진 공간은 모두 도처에 양으로 구부러진 것으로 되든가 그렇지 않으면 극소모델로 되는 것을 모리 교수는 보여 주었다. 즉 3차원 극소모델의 존재를 추궁하고 있던 대문제가 여기에 완전한 결말을 본 것이다. 하츠혼 예상을 해결한 해로부터 세어서 꼭 10년째에 해당하는 1987년의 일이었다. 그리고 다음해 88년 이 증명을 정리한 146페이지나 되는 논문이 미국수학회 창립100주년을 기념해서 창간된 새로운 잡지의 제1호를 장식하였다.

이 장대(長大)함은 히로나카 교수의 기념비적 논문이 생각나게 한다. 히로나카 교수의 필즈상 수상 대상이 되었던 '표수(標數) 0의 체(體) 위의 대수적 다양체의 특이점의 해소'는 하나의 정리를 증명한 논문으로서는 수학사상 최장 기록이라고 한다. 아무튼 218페이지의 대논문이고 통칭 '히로나카의 전화번호부'라고 불리고 있다.

아무튼 내가 언제나 의문으로 생각하는 것은 그렇게도 오랜 노력, 그렇게도 엄격한 정신과의 싸움에 수학자는 어떻게 해서 견딜 수 있는 것일까 하는 것이다.

그 답은 역시 모리 교수의 발언 속에서 간파할 수 있다.

**일단 문제에 몰두하면——**

'취미는?'이라고 질문을 받은 교수는——수학자를 향해서 상당히 불가사의한 질문을 하는 인터뷰도 있구나라고 그때 나는 생각했으나——이렇게 대답하고 있다.

무취미에 가깝다. 일단 문제를 생각하기 시작하면 다른 것을 전혀 생각할 수 없게 되기 때문에.

조금더 모리 어록(語錄)을 골라두자.

연구는 주로 자택에서 심야에 가족이 잠든 다음부터 한다. 도중에 생각이 중단되면 여간해서 원래대로 돌아갈 수 없기 때문에. 아침 7시까지 걸리는 일도 있는 생활이 2, 3개월 계속되면 착실한 생활로 되돌아가지 않으면 하고 생각한다. 시차(時差)에 괴로움을 받기 때문에.

수학에는 과학기술의 기초와 예술이라는 양면성이 있다. 나의 수학의 응용은 짐작이 가지 않지만 예술가의 의식도 없다. 굳이 예술가와 같은 생활을 하고 있다고 하면 될는지.

수학자로서 해갈까라고 생각한 것은 최근이다. 이제 도망갈 수 없는 느낌이다. 그래도 좋은 아이디어가 떠오르지 않게 되는 것이 아닌가 하고 언제나 불안하다. 칠공예(漆工藝)를 하고 있는 지인이 '괴롭다, 괴롭다' 하고 말하는 것을 잘 이해할 수 있다.

특히 최후의 발언 등 나는 마음 속으로 감동해 버렸다. 수학이란 얼마나 가혹한 학문인 것일까. 히로나카 교수는 특이점 해소의 문제에 몰두한 몇 년 동안 'Sleep with problem'이라는 하버드대학의 포트 교수의 말 그대로의 생활이었다고 회상하고 있다.

이 말은 문자대로 '잠자고 있는 동안에도 문제와 함께'라는 의미이다. 진짜 수학자는 한 번 문제에 진지하게 몰두하기 시작하면 그 문제가 풀릴 때까지 정말 문제와 침식을 함께 하여 생활의 중심에 문제가 있다고 하는 나날을 몇 년씩이나 보내는 것이다. 거리의 모

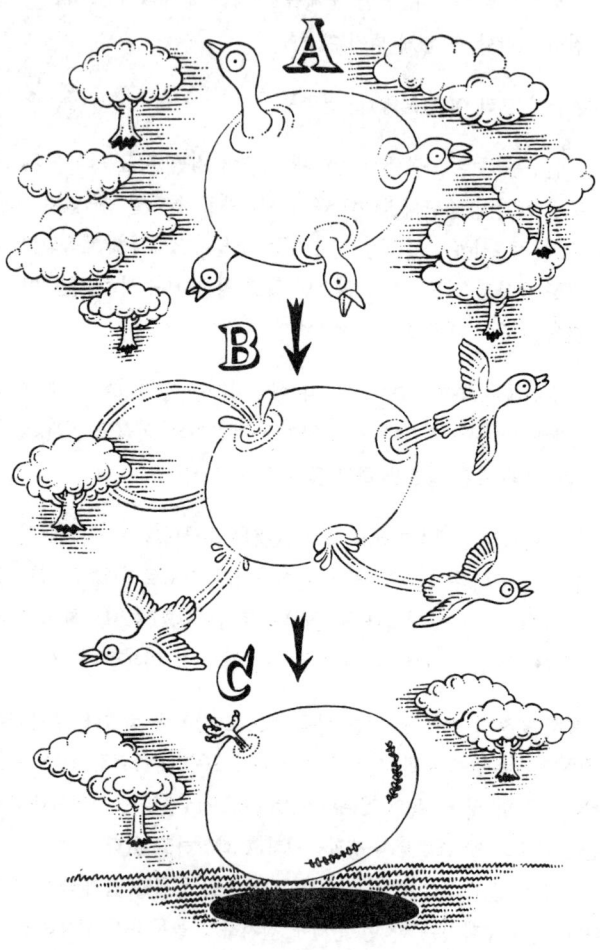

3차원 대수다양체의 "수술"(모리 이론)과 극소모델의 이미지.

퉁이에서 수학자를 언뜻 보게 되면 그들은 어딘가 멍청한 인상을 준다. 내마음 여기에 없다, 하는 느낌이다.

영어로는 흔히 'absent minded'라고 말하는데 이 일종의 방심상태는 수학자의 독특함인지도 모른다. 그렇게 말하면 랭보의 시의 한 구절에 이러한 대목이 있었다. '정신의 투쟁도 인간의 싸움처럼 비참하다'.

여기서는 현대 수학의 주전장(主戰場)의 하나인 대수기하에 이야기를 압축해서——게다가 대수다양체의 분류 문제에 한정해서——그것은 어떠한 학문인 것인가, 무엇이 중요한 문제이고 어떻게 해서 그 문제에 몰두하고 어디까지 풀려왔는가 등등을 약간 상세하게 보아 왔다.

물론 실제로는 더 훨씬 넓고 깊은 이론이 구축되어 있고 등장시킨 수학자들도 의도적으로 사람수를 줄이고 있다. 큰 업적을 올렸는데도 소개하지 않은 사람이 수십명이나 있다. 그러나 어쩐지 현대 수학의 대충의 분위기는 파악된 것이 아닌가 생각한다.

### 3차원의 기하는 아직도 출발선

Ⅲ부를 매듭 짓는 의미에서「대수다양체의 분류 문제」에 남겨진 과제를 총괄해 둘 필요가 있을 것이다. 이미 인지한 것처럼 이것은 거대한 문제이다. 요컨대 이 문제는 실제로는 아직 통채로 남아 있다고 해도 과언은 아니다.

3차원 대수다양체의 분류일지라도 역시 극소모델의 존재증명은 모리 교수의 말을 빌리면 '3차원의 (대수)기하가 겨우 할 수 있게 되었다고 할까, 출발선에 섰다'라는 것을 의미하고 있는 것에 불과하다.

3차원 대수다양체를 완전히 이해하기 위한 수학자의 투쟁은 정말은 이제부터 시작되는 것이다. 하물며 4차원 대수다양체에 대해서는 현재로서는 전혀 아무것도 모르는 것과 같은 상태이다.

# 참고도서

이 책을 완성함에 있어서 「수학세미나」(일본평론사간)의 관련기사 및 동잡지의 임시증간을 전편에 걸쳐서 참고로 하였다. 특히 참조한 증간(增刊)은 다음의 각 호이다.

① 『수학 100의 문제』
② 『수학 100의 정리』
③ 『100인의 수학자』
④ 『필즈상 이야기』
⑤ 『수학연구의 최전선』

또한 특히 참고로 한 저서는 다음과 같다. 각 저서 및 각 논고를 집필한 저자 여러분께 감사의 뜻을 표명한다.

⑥ 『수학의 모험』 I·스튜어트 지음, 아마미야 이치로 옮김, 기이고쿠야(紀伊國屋)서점.
⑦ 『수학의 최전선』 수학세미나 편집부편, 일본평론사
⑧ 『인간정신의 명예를 위하여』 J·듀돈네 지음, 다카하시 레이지 옮김, 이와나미서점
⑨ 『수학류(流)의 생활태도의 재발견』 아키야마 히토시, 츄코(中公)신서
⑩ 『현대 수학의 사고방법』 아이안 스튜어트 지음, 세라자와 쇼오조 옮김, 고단샤 BLUE BACKS
⑪ 『최초의 현대수학』 세야마 시로, 고단샤 겐다이(現代)신서
⑫ 『수, 수……』 M·라인즈 지음, 가타야마 고우지 옮김, 이와나미서점

⑬『수학의 아이디어』T·하츨 지음, 야마시타 쥰이치 옮김, 도쿄도서

⑭『수학자들이 도전한 문제』맥시밀리안 밀러 지음, 가나이 쇼우지 옮김, 모리기타(森北)출판

⑮『반례(反例)에서 본 수학』오카베 쓰네하루, 와다 히데오, 히토쓰마쓰 신, 시라이 고키단 공저, 유세이(遊星)샤

⑯『카오스와 프랙털』야마구치 마사야, 고단샤 BLUE BACKS

⑰『힐베르트』C·리이드 지음, 彌永健一 옮김, 이와나미서점

⑱『게으름뱅이 수학자의 기(記)』고다이라 구니히코 지음, 이와나미서점

⑲『학문의 발견』히로나카 헤이스케, 고세이(佼成)출판사〔뒤에『사는 것, 배우는 것』으로 제목을 바꿔서 슈에이(集英)샤〕

⑳『수학자의 고독한 모험』『수학과 벌거숭이 임금님』알렉산드로 그로탕디에크 지음, 쓰지 유이치 옮김, 겐다이수학사

㉑『데카르트의 정신과 대수기하』이이다카 시게루, 우에노 켄지, 나미가와 유키히코 공저, 일본평론사

현대수학의 새로운 동향을 알고 싶으면 ⑥과 ⑦이 가장 좋을 것이다. 다만 상당히 난해하다. 초학자에게는 ⑧, ⑨, ⑩, ⑪, ⑫가 적합하다. 특히 ⑧은 우수한 계몽서로 되어 있다. 또 '자기의 머리로' 문제를 풀고 싶은 사람에게는 ⑨가 독특하다. 현대 수학의 사고방법을 알려면 ⑩, ⑪이 좋을 것이다. 덧붙여 말하면 ⑥과 ⑩은 표기는 다르나 같은 저자이다.

⑰~⑳은 수학자 개인에 대한 저서이다. ⑰은 몇 번 반복해서 읽어도 싫증이 나지 않는 명저이다. ⑳이 본문에서 언급한 그로탕디에크의 "문제의 책"인『수확과 뿌린 씨와』의 이미 간행된 번역서이다. 아무튼 기서(奇書)이다.

대수기하의 참고도서에 대해서 조금 상세하게 소개해 둔다. 분위

기를 맛보기 위해서는 ㉑은 명저이다. 이 책에서도 크게 참고로 하였다. 다만 저자들도 강조하고 있는 것처럼 교과서는 아니기 때문에 이 책만으로 대수기하를 정말로 이해하는 것은 원리적으로는 무리한 이야기다.

대수기하의 본격적인 교과서로서는 개인적으로는 샤파레뷔치나 맨포드의 것을 추천하고 싶으나 최근에는 일본에서도 양서(良書)가 계속 나오고 있기 때문에 여기서는 일서(日書)만을 소개한다.

㉒『대수기하학』이이다카 시게루, 이와나미서점
㉓『대수기하학』미야니시 마사요시, 쇼카보(裳華房)
㉔『대수기하학』아키즈키 야스오, 나카이 요시가즈, 나가다 마사요시 공저, 이와나미서점
㉕『추상대수기하학』나가다 마사요시, 미야니시 마사요시, 마루야마 마사키 공저, 교리쓰(共立)출판
㉖『복소대수기하학입문』호리가와 에이지, 이와나미서점

어느 것도 특징 있는 저서이지만 유감스럽게도 이들 5권의 교과서는 모두 대학 4년 이상의 수학과의 학생을 독자 대상으로 하고 있다. 결국 상당한 예비지식이 없으면 첫페이지의 첫줄부터 나가떨어져 버린다. 그래서 마지막으로 의욕적인 고교생이라면 읽을 수 있는 입문서를 추가해 두고자 생각한다. 지은이는 애석하게도 젊어서 별세하였는데 매우 친절한 책이다. ㉗부터 들어가면 이 책의 독자라도 충분히 이 두 권은 독파 가능하다. 그리고 ㉘의 마지막의 장(章)이 대수기하(입문)에 할당되어 있다.

㉗『초등대수학』나리타 마사오, 교리쓰출판
㉘『아이디얼론 입문』나리타 마사오, 교리쓰전서

여기서는 토폴러지나 해석학에는 언급하지 않았으나 그러한 분야에서도 양서는 무수히 있다. 독자 여러분이 "한걸음 나아간" 독

서에 의해서 수학을 인생의 즐거움의 하나로 추가할 것을 바라 마지 않는다.

# 페르마의 「마지막정리」
### - 3백66년간 못풀어… 美와일스교수 지난 6월 증명 -

(조선일보 1993년 8월31일자)

◇와일스교수가 수많은 학자들이 366년간 풀지못했던 「페르마의 마지막 정리」를 증명한 후 기뻐하고 있다.

 지난 6월말 영국 케임브리지대학에서는 세계적인 수학자들이 모여 미국 프린스턴대학 수학과 젊은 교수 앤드류 와일스의 발표를 듣고 있었다. 발표가 끝나자 열띤 박수와 환호가 쏟아졌고 전세계는 곧 놀라움과 감격의 뉴스에 휩싸였다.

 3백66년동안 수많은 천재수학자들의 도전에도 풀리지 않았던 이른바 「페르마의 마지막 정리」가 증명되는 순간이었다.

 페르마의 정리란 의외로 간단하다. 「$X^n + Y^n + Z^n$에서 n이 3이상의 정수인 경우 이관계를 만족하는 자연수 X, Y, Z은 없다」는 것. n이 2인 경우, 이 식은 유명한 피타고라스 정리가 되어 X=3, Y=4, Z=5 등 수많은 답이 있음은 잘 알려져 있다. 그러나 n이 3

이상인 경우 즉 $X^3+Y^3=Z^3$ 혹은 $X^7+Y^7=Z^7$을 만족하는 자연수 X, Y, Z은 존재하지 않는다는 말이다.

17세기 최고의 수학자 중 한 사람인 프랑스의 페르마는 일생 동안 수많은 증명 문제를 남겨 놓았다. 그가 남겨놓은 대부분의 문제는 풀렸으나 「마지막 정리」만은 풀 수가 없었다.

페르마 자신도 평소 지니고 다니던 옛날 수학 책의 여백에
『나는 이 정리에 대해 멋진 증명을 발견했다.
그러나 이 책의 여백이 너무 좁아 다 적을 수가 없다』는 증명되지 않은 기록을 남겼다.

이 정리에 대한 도전은 그 후에도 계속돼 이 문제만을 풀기 위해 평생을 바친 수학자도 있었으나 답은 여전히 밝혀지지 않았다.

1909년엔 1백 년 내에 즉 2007년까지 이 문제를 푸는 사람에게 10만 마르크의 상금이 걸리기도 했다. 1920년대엔 1백 이하의 n에 대해 증명이 이루어졌고 최근엔 컴퓨터를 이용해 4백만 이하의 수에 대해 증명하기도 했지만 여전히 일반해법은 풀지 못했다.

일본인 미야오카는 지난 88년 잘못된 방법으로 증명을 발표했다 취소하기도 했다.

와일스의 이번 해답은 전혀 다른 곳에서 나왔다. 6년 전 타원곡선이론과 관계된 추론이 페르마의 마지막 정리와 연관이 있다는 것이 밝혀진 후로 와일스는 10여 가지의 복잡한 현대 수학 이론들을 결합, 증명에 도달했던 것이다.

이 증명의 완전한 논문은 무려 2백 페이지가 넘어 세계의 수학계가 완벽한 검증을 마치려면 아직 몇 달은 걸릴 것으로 보인다. 하지만 대부분 수학자들은 그의 증명이 맞는 것으로 확신하고 있어 수학계는 이미 축제의 분위기다.

그렇게만 된다면 와일스에겐 수학계의 노벨상인 필즈메달이 수

여될 것이고 그가 이룬 업적은 인간 정신의 위대한 승리로 오래도록 기억될 것이다.

필즈메달은 국제수학자 회의에서 제정돼 1936년부터 4년마다 세계적으로 가장 뛰어난 업적을 이룩한 수학자 2명에게 수여되는 상이다.

## 수학 · 아직 이러한 것을 모른다   B135

초판   1993년  2월 25일
3쇄   2004년 11월 15일

옮긴이   임 승 원
펴낸이   손 영 일
펴낸곳   전파과학사
         서울시 서대문구 연희2동 92-18
등  록   1956. 7. 23 / 제10-89호
전  화   02-333-8877 · 8855
팩  스   02-334-8092

**www.S-wave.co.kr**
E-mail : S-wave@S-wave.co.kr

ISBN 89-7044-135-2   03410

# BLUE BACKS 한국어판 발간사

블루백스는 창립 70주년의 오랜 전통 아래 양서발간으로 일관하여 세계유수의 대출판사로 자리를 굳힌 일본국·고단샤(講談社)의 과학계몽 시리즈다.

이 시리즈는 읽는이에게 과학적으로 사물을 생각하는 습관과 과학적으로 사물을 관찰하는 안목을 길러 일진월보하는 과학에 대한 더 높은 지식과 더 깊은 이해를 더 하려는 데 목표를 두고 있다. 그러기 위해 과학이란 어렵다는 선입감을 깨뜨릴 수 있게 참신한 구성, 알기 쉬운 표현, 최신의 자료로 저명한 권위학자, 전문가들이 대거 참여하고 있다. 이것이 이 시리즈의 특색이다.

오늘날 우리나라는 일반대중이 과학과 친숙할 수 있는 가장 첩경인 과학도서에 있어서 심한 불모현상을 빚고 있다는 냉엄한 사실을 부정 할 수 없다. 과학이 인류공동의 보다 알찬 생존을 위한 공동추구체라는 것을 부정할 수 없다면, 우리의 생존과 번영을 위해서도 이것을 등한히 할 수 없다. 그러기 위해서는 일반대중이 갖는 과학지식의 공백을 메워 나가는 일이 우선 급선무이다. 이 BLUE BACKS 한국어판 발간의 의의와 필연성이 여기에 있다. 또 이 시도가 단순한 지식의 도입에만 목적이 있는 것이 아니라, 우리나라의 학자·전문가들도 일반대중을 과학과 더 가까이 하게 할 수 있는 과학물저작활동에 있어 더 깊은 관심과 적극적인 활동이 있어 주었으면 하는 것이 간절한 소망이다.

1978년 9월

발행인 孫永壽